全国高等医药院校药学类实验教材

有机化学实验

（第二版）

主编　胡　春

编　者（以姓氏笔画为序）

马　超　　刘明哲　　刘晓平

李凤荣　　沈鸿雁　　张　辉

张美慧　　金　辄　　胡　春

徐莉英　　徐赫男　　黄二芳

蒋旭亮

U0206061

中国医药科技出版社

内 容 提 要

　　本书为全国高等医药院校药学类实验教材。是根据全国高等医药院校药学类专业对有机化学实验的基本要求，总结多年来有机化学实验教学实践和改革的经验，吸收其他有机化学实验教材中的优秀内容编写而成。内容包括：有机化学实验一般知识，有机化学实验基本操作和实验技术，有机化合物的制备，有机化合物的性质实验。书后附录中列出了常用有机溶剂的纯化方法和常用有机化合物的物理常数。

　　本书可作为高等医药院校药学类专业有机化学实验教材，也可供研究生、函授生、专科生、自考生以及其他专业本科生使用，对从事有机化学实验教学和研究的有关人员亦具有参考价值。

图书在版编目（CIP）数据

有机化学实验/胡春主编. —2 版. —北京：中国医药科技出版社，2014. 12（2025.1重印）
全国高等医药院校药学类实验教材
ISBN 978 - 7 - 5067 - 6701 - 9

Ⅰ. 有… Ⅱ. ①胡… Ⅲ. ①有机化学 - 化学实验 - 医学院校 - 教材 Ⅳ. ①O62 - 33

中国版本图书馆 CIP 数据核字（2014）第 049130 号

美术编辑　陈君杞
版式设计　郭小平

出版　中国医药科技出版社
地址　北京市海淀区文慧园北路甲 22 号
邮编　100082
电话　发行：010 - 62227427　邮购：010 - 62236938
网址　www. cmstp. com
规格　787×1092mm ¹⁄₁₆
印张　9 ½
字数　186 千字
初版　2007 年 3 月第 1 版
版次　2014 年 12 月第 2 版
印次　2025 年 1 月第 9 次印刷
印刷　大厂回族自治县彩虹印刷有限公司
经销　全国各地新华书店
书号　ISBN 978 - 7 - 5067 - 6701 - 9
定价　21.00 元
本社图书如存在印装质量问题请与本社联系调换

全国高等医药院校药学类规划教材常务编委会

第二版前言

有机化学实验是药学类各专业的一门重要的基础实验课程。有机化学实验要求学生掌握有机化学研究的基本方法和基本实验操作技能，通过实验加深理解有机化学的基本理论和基本知识，培养具有分析问题和解决问题的能力，养成具有实事求是的科学作风和严谨踏实的科学态度，为后期专业课程学习、专业实践以及未来工作奠定基础。

我们根据全国高等医药院校药学类专业对有机化学实验的基本要求，总结多年来有机化学实验教学实践和改革的经验，吸收其他有机化学实验教材中的优秀内容，于2007年编写了本教材，在多年使用的基础上，广泛征求教师和学生意见，现对本教材进行修订。

目前本教材内容包括：有机化学实验一般知识，有机化学实验基本操作和实验技术，有机化合物的制备，有机化合物的性质实验。书后附录中列出了常用有机溶剂的纯化方法和常用有机化合物的物理常数。

本教材是沈阳药科大学有机化学教研室多年来的经验积累和工作总结，在编写过程中得到了学校、教务处、制药工程学院和有机化学教研室全体同志的关心和支持，具体参加编写工作的有胡春、黄二芳、蒋旭亮、金辄、李凤荣、刘明哲、刘晓平、马超、沈鸿雁、徐赫男、徐莉英、张辉、张美慧等同志，宋宏锐同志对本教材的编写和修订给予了中肯的建议和帮助。

由于我们的水平有限和编写时间仓促，错误、遗漏和不妥之处在所难免，祈望读者不吝指正。

编者
2014 年 10 月

目 录

第一章 有机化学实验一般知识

一、有机化学实验室规则

为培养严谨的科学作风和科学态度，养成良好的工作习惯，掌握实验方法，并能有效地维护人身和实验室的安全，确保实验的顺利进行，学生必须严格遵守下列实验室规则。

（1）做好实验前的一切准备工作。学生在本课程开始时，必须认真阅读有机化学实验的一般知识，做好预习，每次实验前必须写出可行的实验预习报告，其内容包括实验目的、实验原理、操作方法、所需试剂与仪器及注意事项。

（2）遵从教师的指导，注意安全。进入实验室时，应熟悉实验室内灭火器材放置地点和使用方法；严格遵守实验室的安全守则和每一个具体实验操作中的安全注意事项。若有意外事故发生，要及时采取应急措施，立即报告并请指导教师进一步处理；严格按照实验教材所规定的步骤、仪器及试剂的规格和用量进行实验。如要更改，必须征得指导教师的同意才可改变。

（3）实验中应遵守纪律，保持安静。实验时精神要集中，操作要认真，观察要细致，积极思考，忠实记录，不得擅自离开岗位，按时结束实验。

（4）保持实验室整洁，实验室要做到桌面、地面、水槽、仪器干净，把实验中产生的污物、废品分别放到指定地点和容器中，不得随意倾倒。

（5）要爱护公物，公用仪器和试剂须在指定地点使用并保持整洁，用后立即归还原处。节约水、电、煤气和药品。

（6）实验完毕后，应关好水、电、煤气。值日生认真打扫实验室，把实验过程中产生的垃圾送往垃圾存放点，把具有毒性和腐蚀性的废液按类别回收，便于统一回收处理。

二、有机化学实验室安全常识

有机化学实验所用药品多数是有毒、易燃、具有腐蚀性或爆炸性的；所用仪器大部分是玻璃制品；实验中常使用水、电或煤气；实验中常需要高温、高压或低温、负压等操作。因此，在有机化学实验中，如果违背实验操作规程、疏忽一些实验细节问题，就容易导致意外事故发生，如烧伤、烫伤、中毒、火灾或爆炸等。

然而，只要我们重视安全问题，实验中严格按实验操作规程进行，加强安全措施，大多数事故是可以避免的。有些事故发生后，如果及时正确地处理就会减小损失。下面介绍实验室安全守则和实验室事故预防和处理的常用知识。

（一）实验室安全守则

（1）实验开始前，要认真检查仪器是否完整，实验装置是否稳妥，在征得指导教师同意之后，才可以开始实验。

（2）不得擅自离开实验现场，要严密监视实验进行情况，观察实验是否异常，注意仪器有无炸裂或破损。

（3）在进行危险实验时，应该根据实验情况采取必要的安全措施，如戴防护眼镜、面罩或手套。

（4）严禁在实验室内吃食物和吸烟，实验结束后要仔细洗手。

（5）熟悉安全用具放置位置和使用方法，如灭火器、沙箱和急救药品。安全用具不得挪作他用。

（6）实验中，各种药品不得散失和丢弃。废渣、废液和废气要按照规定处理。

（二）实验室事故的预防

1. 火灾的预防和处理　实验室中的有机化学药品大多数是易燃品，着火是实验室常见事故之一。

（1）防火的基本原则

①有机化学实验室应该尽量避免使用明火。使用易燃的溶剂要远离火源，不得采用烧杯或敞口仪器盛装易挥发、易燃的溶剂，试剂瓶盛装液体不能过满。

②液体加热过程中不能使易燃蒸气泄露，要防止局部过热和暴沸，且不得在密闭的容器中加热液体。

③处理大量的有机溶剂时，应尽量在通风橱内进行。

④严禁将易燃液体倒入下水道。

⑤使用金属钠、钾、铝粉和电石等药品时，应注意使用和存放，避免其与水接触。

⑥实验室内不得存放大量易燃物品。

（2）火灾的处理　实验室一旦失火，室内人员要积极有秩序地参加灭火。一般可以采取如下措施。

①切断火源。着火后，为防止火势蔓延，应立刻关闭煤气开关，切断电源，搬走易燃物质。

②灭火。有机化合物失火后要根据燃烧物特点进行扑救。根据国家标准，有机化学实验室所涉及到的火灾，主要为 A～E 类火灾。

A 类火灾：指固体物质火灾，这种物质通常具有有机物性质，一般在燃烧时能产生灼热的余烬，如木材、棉、毛、麻、纸张火灾等，应选择水型灭火器、磷酸铵盐干粉灭火器、泡沫灭火器。

B 类火灾：指液体火灾或可熔化的固体物质火灾，如汽油、煤油、柴油、原油、甲醇、乙醇、沥青、石蜡火灾等，应选择干粉灭火器、二氧化碳灭火器。

C 类火灾：指气体火灾，如煤气、天然气、甲烷、乙烷、丙烷、氢气火灾等，应选择干粉灭火器或二氧化碳灭火器。

D 类火灾：指金属火灾，如钾、钠、镁、钛、锆、锂、铝镁合金火灾等。国外目前主要使用粉状石墨灭火器和专用干粉灭火器，也可采用干砂或铸铁屑末来替代。

E类火灾：指带电火灾，即物体带电燃烧的火灾，如发电机、配电盘、仪器仪表、电子计算机火灾等，应选择干粉灭火器及二氧化碳灭火器，但不得选用装有金属喇叭喷筒的二氧化碳灭火器，绝不能使用水或泡沫灭火器。能够切断电源的，要首先切断电源。

在实验室里，也可用沙子、固体碳酸氢钠粉末扑灭B类和D类物质的初起火灾。

衣物着火：切勿奔跑，应就地躺倒、滚动将火压熄，邻近人员可用毛毯或被褥覆盖其身上使之隔绝空气而灭火。

地面或桌面着火：如火势不大可用淋湿的抹布灭火；反应瓶内着火，可用石棉布盖上瓶口，使瓶内缺氧灭火。

总之，当失火时，应根据起火原因和火场周围的情况，采取相应的方法扑灭火焰。无论使用哪一种灭火器材，都应该从火的四周开始向中心扑灭，并及时拨打报警电话通报火警。

2. 防爆　化学药品的爆炸分为支链爆炸和热爆炸。氢气、乙烯、乙炔、苯、乙醇、乙醚、丙酮、乙酸乙酯、一氧化碳、水煤气和氨气等可燃性气体与空气混合至爆炸极限，一旦有热源诱发，极易发生支链爆炸；过氧化物、高氯酸盐、叠氮铅、乙炔铜、三硝基甲苯等易爆物质，受震动或受热可能发生热爆炸。

为了防止爆炸事故的发生，应注意以下几点。

（1）防止可燃性气体或蒸气散失在室内空气中，应保持室内通风良好。当大量使用可燃性气体时，应严禁使用明火和可能产生电火花的电器。

（2）强氧化剂和强还原剂必须分开存放，使用时应轻拿轻放，远离热源。

（3）常压操作时，切勿在密闭体系中进行反应或加热；减压蒸馏各部分仪器要具有一定的耐压能力，不能使用锥形瓶、平底烧瓶或薄壁试管等。

（4）使用醚类化合物时要注意过氧化物的检查，因为过氧化物浓度高时，加热会引起爆炸。

（5）在进行高压反应时，一定要使用特制的高压反应釜，禁止用普通的玻璃仪器进行高压反应。

3. 防灼伤　强酸、强碱、液氮、强氧化剂、溴、磷、钠、钾、苯酚、醋酸等物质，都会灼伤皮肤，应注意不要让皮肤与之接触，尤其防止溅入眼中。开启易挥发性药品的瓶盖时，必须先充分冷却后再开启；开启瓶盖时，瓶口应指向无人处，以免由于液体喷溅而造成伤害。如遇瓶盖开启困难，必须注意瓶内物品的性质，切不可贸然用火加热或乱敲瓶盖等。

发生灼伤时应按下列要求处理。

（1）轻微烫伤可在患处涂玉树油或鞣酸软膏，重伤者涂烫伤膏后，即送医院就诊。

（2）皮肤上沾上酸液，立刻用大量水冲洗，然后用5%碳酸氢钠溶液洗涤后，涂上油膏。眼睛里溅入酸液，先抹去眼外的酸液，然后用大量水冲洗，或用碳酸氢钠水溶液洗涤。

（3）皮肤上沾上碱液，立刻用大量水冲洗，然后用饱和硼酸溶液或1%稀醋酸溶液洗涤后，涂上油膏。眼睛里溅入碱液，应先抹去眼外的碱液，然后用水冲洗，再用饱和硼酸溶液或1%稀醋酸溶液洗涤。

（4）如溴溅到皮肤上时，应立刻用水冲洗，涂上甘油。

（5）如钠、硫酸等与水反应放热的化学品溅到皮肤上时，应先用干布尽量将化学品擦拭干净，再用大量水冲洗。

上述方法仅为暂时减轻疼痛的措施。如伤势较重，应尽快送医院就诊。

4. 防中毒　大多数化学药品都有不同程度的毒性。有毒化学药品可通过呼吸道、消化道和皮肤进入人体而发生中毒现象。如 HF 侵入人体，将会损伤牙齿、骨骼、造血和神经系统；烃、醇、醚等有机物对人体有不同程度的麻醉作用；三氧化二砷、氰化物、氯化高汞等是剧毒品，摄入少量即会致死。因此预防中毒应做到以下几点。

（1）称量药品时应使用工具，不得直接用手接触药品，尤其是剧毒药品，更应注意。做完实验后，应洗手后再吃东西。禁止品尝任何实验药品。

（2）使用和处理有毒或有腐蚀性物质时，应在通风橱中进行或加气体吸收装置，并戴好防护用品。尽可能避免蒸气外逸，以防造成污染。

（3）如遇毒物溅入口中，立即用手指伸入咽部，促使呕吐，然后立即送往医院处置。

（4）如发生中毒现象，应让中毒者及时离开现场，到通风好的地方，严重者应及时送往医院就诊。

5. 安全用电　实验室常用频率为 50Hz、220V 的交流电。人体通过 1mA 的电流，便有发麻或针刺的感觉，10mA 以上人体肌肉会强烈收缩，25mA 以上则呼吸困难，有生命危险；直流电对人体也有类似的危险。为防止触电，应做到以下几点。

（1）修理或安装电器时，应先切断电源。

（2）使用电器时，手要干燥。

（3）电源裸露部分应有绝缘装置，电器外壳应接地线。

（4）不能用试电笔去试高压电。

（5）应用双手同时触及电器，防止接触时电流通过心脏。

（6）一旦有人触电，应首先切断电源，然后抢救。

仪器设备的安全用电的注意事项：一切仪器应按说明书装接适当的电源，需要接地的一定要接地；若是直流电器设备，应注意电源的正负极，不要接错；若电源为三相，则三相电源的中性点要接地，这样万一触电时可降低接触电压；连接三相电动机时，要注意正转方向是否正确，否则，要切断电源，对调相线；接线时应注意接头要插牢，并根据电器的额定电流选用适当的连接导线；接好电路后应仔细检查无误后，方可通电使用；仪器发生故障时应及时切断电源。

三、常用仪器与装置

（一）有机化学实验常用普通玻璃仪器

图 1-1 是有机化学实验常用的普通玻璃仪器图。在无机化学实验中用过的烧杯、试管等均从略。

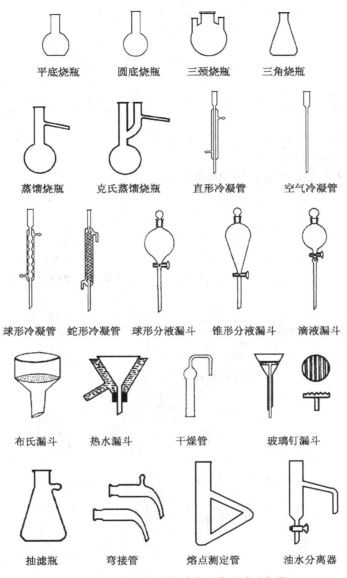

平底烧瓶　　圆底烧瓶　　三颈烧瓶　　三角烧瓶

蒸馏烧瓶　　克氏蒸馏烧瓶　　直形冷凝管　　空气冷凝管

球形冷凝管　蛇形冷凝管　球形分液漏斗　锥形分液漏斗　滴液漏斗

布氏漏斗　　热水漏斗　　干燥管　　玻璃钉漏斗

抽滤瓶　　弯接管　　熔点测定管　　油水分离器

图 1-1　有机化学实验常用普通玻璃仪器

（二）有机化学实验常用标准接口玻璃仪器

1. 标准接口玻璃仪器简介　标准接口玻璃仪器是具有标准磨口或磨塞的玻璃仪器。由于口塞尺寸的标准化、系统化，磨砂密合，凡属于同类规格的接口，均可任意互换，各部件能组装成各种配套仪器。当不同类型规格的部件无法直接组装时，可使用变径接头使之连接起来。使用标准接口玻璃仪器既可免去配塞子的麻烦手续，又能避免反应或产物被塞子玷污的危险；口塞磨砂性能良好，其密合性可达较高真空度，对蒸馏尤其对减压蒸馏有利，对于毒物或挥发性液体的实验较为安全。

标准接口玻璃仪器均按国际通用的技术标准制造。当某个部件损坏时，可以选配。

标准接口仪器的每个部件在其口、塞的上或下显著部位均具有烤印的白色标志，标明规格。常用的有 10、12、14、16、19、24、29、34、40 等。

标准接口玻璃仪器的编号与大端直径见表 1−1。

表 1−1　标准接口玻璃仪器的编号与大端直径

编　号	10	12	14	16	19	24	29	34	40
大端直径/mm	10	12.5	14.5	16	18.5	24	29.2	34.5	40

有的标准接口玻璃仪器有两个数字，如 10/30，10 表示磨口大端的直径为 10mm，30 表示磨口的高度为 30mm。

图 1−2 为有机化学实验常用的标准接口玻璃仪器。

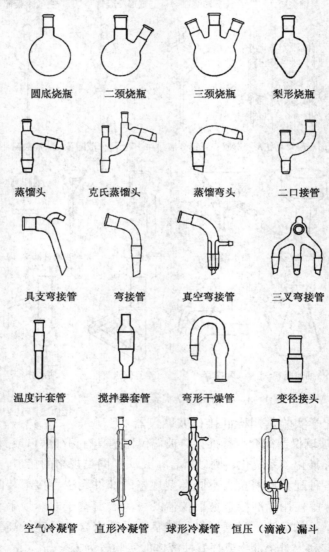

圆底烧瓶　　二颈烧瓶　　三颈烧瓶　　梨形烧瓶

蒸馏头　　克氏蒸馏头　　蒸馏弯头　　二口接管

具支弯接管　　弯接管　　真空弯接管　　三叉弯接管

温度计套管　　搅拌器套管　　弯形干燥管　　变径接头

空气冷凝管　　直形冷凝管　　球形冷凝管　　恒压（滴液）漏斗

图 1−2　有机化学实验常用的标准接口玻璃仪器

2. 标准接口玻璃仪器使用注意事项

（1）标准口塞应经常保持清洁，使用前宜用软布揩拭干净，但不能附上棉絮。

（2）使用前在磨砂口塞表面涂以少量真空油脂或凡士林，以增强磨砂接口的密合性，避免磨面的相互磨损，同时也便于接口的装拆。

（3）装配时，把磨口和磨塞轻微地对旋连接，不宜用力过猛。但不能装得太紧，只要达到润滑密闭要求即可。

（4）用后应立即拆卸洗净。否则，对接处常会粘牢，以致拆卸困难。

（5）装拆时应注意相对的角度，不能在角度偏差时进行硬性装拆。否则，极易造成破损。

（6）磨口套管和磨塞应该是由同种玻璃制成的。

（三）有机化学实验常用装置

常用装置见图1-3至图1-9。

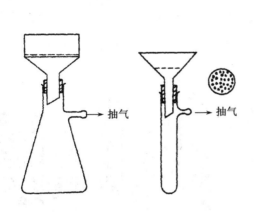

图1-3 抽气过滤装置示例

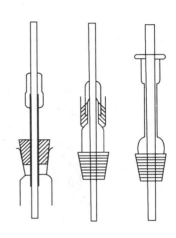

图1-4 搅拌密封装置示例

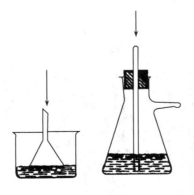

图1-5 气体吸收装置示例

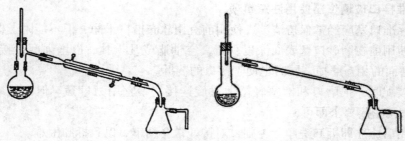

图 1-6 普通蒸馏装置（普通玻璃仪器）示例

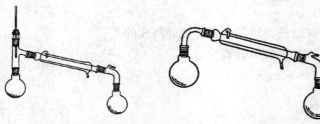

图 1-7 普通蒸馏装置（标准接口仪器）示例

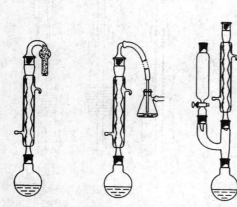

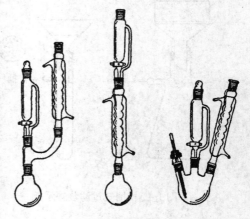

图 1-8 回流装置示例

图 1-9 回流滴加装置示例

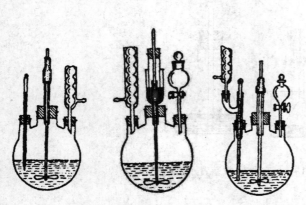

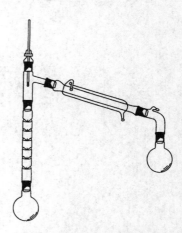

图 1-10 机械搅拌装置示例

图 1-11 分馏装置示例

（四）仪器的装配

仪器装配的正确与否，对于实验的成败有很大关系。

首先，在装配一套装置时，所选用的玻璃仪器和配件都要干净。否则，往往会影响产物的产量和质量。

其次，所选用的器材要恰当。例如，在需要加热的实验中，如需选用圆底烧瓶时，应选用质量好的，其容积大小，应为所盛反应物占其容积的 1/2 左右为好，最多也不要超过 2/3。

第三，装配时，应首先选好主要仪器的位置，按照先下后上，从左至右的顺序逐个装配。在拆卸时，按相反的顺序逐个拆卸。

仪器装配应做到严密、正确、整齐和稳妥。在常压下进行反应的装置，应与大气相通，不能密闭。

铁夹的双钳内侧应贴有橡皮或绒布，或缠上石棉绳、布条等。否则，容易损坏仪器。

总之，使用玻璃仪器时，最基本的原则是切忌对玻璃仪器的任何部分施加过度的压力或扭歪，安装不正确的实验装置不仅没有美感，而且存在潜在的危险。因为扭歪的玻璃仪器在加热时会破裂，有时甚至在放置时也会崩裂。

四、实验预习、实验记录与实验报告

有机化学实验是一门实践性的课程，是培养学生独立工作能力的重要环节。因此，要达到实验预期效果，完成一份正确完整的实验报告，就必须做到实验前预习，实验时做好实验记录，实验后进行总结。

（一）实验预习

实验之前学生必须进行预习，并写好预习报告，做到心中有数。实验预习是有机化学实验的重要环节，未进行预习的学生不能进行实验。

实验预习要求如下。

（1）明确实验目的。

（2）了解反应及操作原理，写出主反应及可能的副反应的反应式，并简单叙述操作原理。

（3）根据实验内容从手册或参考书或其他文献资源中查出有关化合物的物理常数，如相对分子质量、性状、折光率、相对密度、熔点、沸点、溶解度等。

（4）画出主要反应装置图，并标出仪器名称。

（5）写出操作步骤。

（6）对于将要做的实验中可能会出现的问题（包括安全和实验结果），要明确防范措施和解决办法。

（二）实验记录

实验记录是研究实验内容、书写实验报告和分析实验成败的依据，因此实验时一定做好实际观察并记录实验全过程。在实验过程中，学生必须养成一边进行实验一边直接在记录本上记录的良好习惯，不得事后凭记忆补写，或以零星纸条暂记再转抄。

记录的内容包括实验全部过程，如加入药品的数量，仪器装置，每一步操作时间、内容和所观察到的实验现象。记录要求实事求是，准确反映真实的情况，以便作为总结讨论的依据。实验记录是原始数据，必须重视。学会做好实验记录是培养学生科学作风及实事求是精神的一个重要环节。

（三）实验报告

实验报告是根据实验记录进行整理、总结，对实验中出现的问题从理论上加以分析和讨论，使感性认识提高到理论认识的必要步骤，也是科学实验中不可缺少的环节。实验报告包括以下内容。

（1）实验目的。

（2）实验原理、反应原理和反应方程式。

（3）实验仪器装置。

（4）主要试剂及产物的物理常数，主要试剂用量及规格。

（5）实验步骤及实验现象。

（6）产物物理状态、产量、产率及讨论总结。

化合物制备实验产率的高低和质量的好坏常常是评价一个实验的方法及考核学生实验技能的重要指标。

$$产率 = 实际产量/理论产量 \times 100\%$$

实际产量是指实验中实际得到的纯粹产物的重量，简称产量。理论产量是假定反应物完全转化成产物，而根据反应方程式计算得到的产物重量。

五、有机化学实验文献

进行有机化学实验，必须了解反应物和产物的物理常数，以及它们之间的相互关系等，否则就难于进行实验，或只能照方抓药，达不到实验预期目的。首次使用某种化学品，还应了解实验所涉及的化学品的性质及其危险指标。因此，学习查阅辞典、手册和参考书是实验的一个重要环节。

（一）工具书（手册、辞典）

1. 化学化工大辞典（化学工业出版社辞书编辑部编，化学工业出版社） 该书是一部大型、综合性化学化工类专业辞书，是目前我国收词量最多、专业覆盖面最广、解释较为详细的化学化工专业辞典，共收录化学化工各学科的 5 万余词条。全书共分为上下两册。为了突出化学化工特点，着重收录了各种物质名词。化学物质词条主要说明结构、性质、制法或来源及用途。包括密度、熔点、沸点、凝固点等数据以及产品规格等。正文词条均按照词目汉语拼音字母顺序排列。正文后收录《化学命名原则（1980）》和《＜化学名词＞（1991）说明》两个附录。

2. 化学辞典（周公度主编，化学工业出版社） 该书第 1 版于 2004 年出版，2011年出版第 2 版。内容覆盖化学各学科，共收录词目近 8000 条。该书采用的资料，基本都是 2000 年以后的资料，充分反映了化学各领域的新知识及新技术。辞典的条目内容分为两类，一类是概念性的名词，包括定理、理论、概念、化学反应和方法等；另一类是物质性名词，包括典型的和常用的化学性质，介绍它们的结构、性能、制法和应用。再版修订时，又梳理了近年来和化学相关的科学技术发展情况，特别是有关环境、能源、材料和人体健康等热门内容，注意加以增补和修订，并将一些原来分散的词条集中在一起写成综合词条，使对各类化合物和相关概念能有整体的了解。

3. 化工辞典（王箴主编，化学工业出版社）　　本书第 1 版于 1969 年出版，是中国影响力最大的中型化工专业工具书。第 4 版的修订重点是力求反映我国化工领域的新进展和新成果，尤其在材料、环境保护、精细化工、生化、医药、化工设备及元素等各方面进行了全面、系统性调整。经过修订后的第 4 版共收词 16000 余条。辞典对所列出的化合物给出了分子式、结构式和基本物理化学性质。第 4 版将正文改为按汉语拼音字母顺序排列，书前附有汉语拼音检字索引及汉字笔画检字索引，书末附有英文索引。查阅较为方便。

4. 化学化工物性数据手册·有机卷（刘光启、马连湘、刘杰主编，化学工业出版社）　　《化学化工物性数据手册》分为无机卷和有机卷，共 30 章，以表格的形式列出 12000 多种物料的物性数据。物性用数表和算图两种形式表示，按物料分别成章。数表包括物性总览表和个性表。在物性总览表中，同一类物料的名称按天干顺序或中文笔画多少为序排列。附录 1 为化学元素的名称、符号、分子量和族别，附录 2 为有机物料的缩写和别名。

5. 化学试剂·化学药品手册（赵天宝主编，化学工业出版社）　　本书于 2002 年出版第 1 版，名为《化学试剂·精细化学品手册》。第 2 版收集了国内外常用的化学试剂及化学药品产品近 8500 种的最新资料，包括中、英文正名和别名，结构式，分子式，相对分子质量，所含元素百分比，性状，理化常数，国家危险物品名编号，国家化学试剂标准编号，行业化学试剂标准号，默克索引第 13 版的编号，染料索引编号，国际生物化学联合会对酶的编号，参考规格，参考单价，标准，用途及注意事项等。正文部分按英文字母顺序排列，正文后附中、英文索引。

6. 常用化学危险物品安全手册（张维凡主编，中国医药科技出版社）　　该书由原化工部化工劳动保护研究所编辑，1992 年出版第 1 卷和第 2 卷，收录约 1000 种生产、贮运和使用中最常见的化学品的安全资料，包括化学品的标识，理化性质，燃烧爆炸危险性，包装与储运方法，毒性及健康危害性，急救方法，防护措施，泄露处置，以及参考文献等。1994 年续编了第 3 卷和第 4 卷，收录了近 1000 种常用的危险化学品；1997 年又续编了第 5 卷和第 6 卷，另外收录了 1000 种常用的危险化学品。本书按照中文笔画顺序排序，卷末有中英文对照索引、英中文对照索引和危规号索引。

7. 化学危险品最新实用手册（刘德辉主编，中国物资出版社）　　该书由原劳动部劳动情报文献中心组织编写，共 310 万字。该书对 1300 余种常用化学危险品，以直观易读的卡片格式，对各种化学品的中英文名称、美国 CAS 化学文摘登记号、联合国 UN 危险货物编号、中国国家标准危险货物编号、分子式、性状（外观、熔点、沸点、闪点、密度、爆炸上下限、溶解度等）、各国空气中的允许极限及测定、水中允许极限及测定、禁忌物/禁忌、同义词、危险性/症状、急救措施/灭火、防护措施、储存、泄漏处理、运输、附注等进行了简明详实的描述。手册的正文按化学品中文名称的汉语拼音顺序排序，还编有分子式索引、英文索引、中文索引和致癌物索引 4 种索引形式供查找。

8. 化学化工药学大辞典（黄天宇编译，台湾大学图书公司） 这是一本关于化学、医药及化工方面的工具书。收录近万个化学、医药及化工等常用物质，采用英文名称按序排列方式。每一名词各自成一独立单元，其内容包括组成、结构、制法、性质、用途（含药效）及参考文献等。本书取材新颖，叙述详细。书末附有 600 多个有机人名反应。

9. Aldrich Catalog Handbook of Fine Chemicals（美国 Aldrich 化学试剂公司出版） 本书是一本化学试剂目录，收集了 41000 多个化合物。一个化合物作为一个条目，内含相对分子质量、分子式、沸点、折光率、熔点等数据。较复杂的化合物还附有结构式。并给出了该化合物和核磁共振谱和红外光谱谱图的出处。书后附有分子式索引，便于查找，还列出了化学实验中常用仪器仪表的名称、图形和规格。一般每年出版一本新版。

目前，Aldrich 公司已与 Sigma 公司合并组成 Sigma – Aldrich 公司，建立了简体中文网络版（http：//www. sigmaaldrich. com/china – mainland. html）。通过该网站的产品查询功能，可以查询到 Sigma – Aldrich 公司旗下所有品牌的产品（包括 Sigma，Aldrich，Fluka，Supelco，SIAL 等），分别对应生命科学、化学、分析和色谱等领域的产品。查找时，既可以通过目录全文查询，也通过限定某些查询条件，如产品货号、产品名称、CAS 编码（美国《化学文摘》登记号）、MDL 编码或分子式等进行查询。每种产品均附有 MSDS（化学品安全数据说明书）。

10. The Merck Index 中文译名为《默克索引》。该书类似于化工辞典，是德国 Merck 公司编写的非商业性的化学药品手册，其自称是"化学品、药品、生物试剂百科全书"。该书描述简洁，以叙述方式介绍该化合物的物理常数（熔点、沸点、闪点、密度、折射率、分子式、分子量、比旋光度、溶解度等），别名，结构式，用途，毒性，制备方法以及参考文献，已成为介绍有机化合物数据的经典手册。该书的后半部简单介绍了著名的有机人名反应（Name Reactions）。该书中刊出许多表格，收集了很多实用资料，例如缩写，放射性同位素含量，Merck 编号与 CA（美国《化学文摘》）登记号的对照表，重要化学试剂生产公司等。本书编排按照英文字母排序，书末有分子式及名字索引。

该书初版于 1889 年。从 1996 年第 12 版开始，出版光盘版，从 2001 年第 13 版开始出版网络版，2006 年出版第 14 版。目前最新版为 2013 年出版的第 15 版。第 15 版由英国皇家化学会出版，有网络版（http：//www. rsc. org/publishing/merckindex/index. asp）和印刷版，收集了 1.8 万多种常用化学和生物试剂的资料。与第 14 版相比，超过 35% 的现有条目有相当重要的更新，分子量按照 IUPAC 最新标准重新进行了计算。

11. CRC Handbook of Chemistry and Physics 中文译名为《CRC 化学和物理手册》。本书于 1913 年出版第 1 版。从 1964 年第 45 版起，每年出版一次，到 2013 年已出版至第 94 版。原由美国化学橡胶公司（Chemical Rubber Company）出版，自 1974 年第 55 版起，改由 CRC 出版社出版。现任主编为 W. M. Haynes。第 94 版内容包括以下

20 个方面：基本常数，单位制和换算因子；符号、术语和命名法；有机化合物的物理常数；元素和无机化合物的性质；热化学、电化学和溶液化学；流体性质；生物化学；分析化学；分子结构和光谱；原子物理、分子物理和光学物理；核物理和粒子物理；固体性质；聚合物性质；地球物理、天文学和声学；实验室常用数据；健康和安全信息；数学用表；物理和化学数据来源；旧版本表格；索引。

有机化合物部分主要为有机化合物物理常数表。按照化合物英文名称的字母顺序排列，衍生物排在母体条目下。查阅时，需知道化合物的英文名称，或按分子式查询。目前该书出版有光盘版和网络版（http：//www. hbcpnetbase. com/）。

12. CRC Handbook of Data on Organic Compounds　中文译名为《CRC 有机化合物数据手册》。1993 年出版第 3 版，共 7 卷。内容涵盖 27000 多个有机化合物的波谱数据和物理性质数据，包括红外、紫外、核磁共振和质谱数据，以及折射率、分子量、分子式、键线式、熔点、沸点、密度、晶形、颜色、比旋光度，在几种溶剂中的溶解情况等。

13. Dictionary of Organic Compounds　本书于 1934 年出版第 1 版，每几年修订 1 次，目前最新版本是第 6 版。为了及时更新数据，还出版了一些增补版分册，是有机化学、生物化学、药物化学家重要的参考书。内容和排版与 Merck Index 类似，但数目多了近十倍，收集 10 多万种有机化合物的资料。按照英文字母排序，刊载化合物的分子式、分子量、别名、理化常数（熔点、沸点、密度等）、危险指标、用途、参考文献。因为收词数目庞大，另外出版有索引分册，包括化合物名称索引，分子式索引，CA 登记号对照索引等。该辞典第 6 版配有光盘。

14. Lange's Handbook of Chemistry　中文译名为《兰氏化学手册》。本书于 1934 年出版第 1 版，名为 "Handbook of Chemistry"。主编为 Lange N. 。从 1973 年第 11 版起，由 Dean J. 任主编，并改为现名。最新版本为 2004 年第 16 版，主编为 Speight J. 。该书内容涵盖化学各学科。全书分为 4 个部分，分别为无机化学、有机化学、光谱学、基本资料和换算表。其中有机化学部分报道了有机化合物的名称、分子式、相对分子质量、Beilstein 编号、密度、折光率、熔点、沸点、闪点、溶解度等，以表格形式为主。

15. Beilsteins Handbuch der Organischen Chemie　这部有机化学工具书称为 Beilstein 有机化学大全，简称 Beilstein，最早由德国化学家 Beilstein 编写，后来由德国化学会组织编辑，1984 年以前以德文出版，是收集有机化合物数据和资料十分权威的巨著，是世界上最完整的一部有机化合物性质和应用方面最典型的多卷集参考工具书，是目前世界上收集有机化合物资料和数据最完整、正确的一部大型工具书。内容涉及化合物的结构，理化性质，衍生物的性质，鉴定分析方法，提取纯化或制备方法以及原始参考文献。Beilstein 所收载化合物的制备有许多比原始文献还详尽，并且更正了原作者的错误，虽然德文不如英文普遍，但是许多早期的化学资料仍需借助 Beilstein 查询，加上目前网络版 Reaxys 数据库的广泛使用，因此学习和了解 Beilstein 的编辑和使用方法，非常必要。

本书有严格的编排原则，最简单的查阅方法是由分子式索引来查。查阅时先写出该化合物的分子式，式中的元素按下列次序排列：C，H，O，N，Cl，Br，I，F，S，P，Ag…Zr（Ag…Zr 按字母顺序排列）。然后在总的分子式索引（包括正编，第一、第二补编的资料）中去找这一分子式，再找这一分子式的化学名称，在该化合物名称后面，注有它在正编、补编中所在的卷数及页数。此外，也可从主题索引中同样地查到。

本书按有机化合物结构分类编排，每卷（册）末都有本卷（册）编写的索引，每册前介绍本册编写的经过、使用说明、文献来源、缩写、采用文献的年份表、各卷系统编号及分类系统编排的指导思想。要想顺利地查到某个化合物，不是从本书任意选取一卷或一册就可以查到，还必须利用 Beilstein 系统分类法或通过索引方能直接查到。因此，读者可利用正编来查找补编中具有相同系统号码的同类化合物的新文献资料，反过来，也可以利用补编中相应系统号码下的各有关文献。

本书印刷版第四版自 1918 年出版正编第 1 卷，至 1999 年出版第五补编第 27 卷的分子式索引，累计出版 566 册。第五补编共计出版了 208 册，但只出版了杂环化合物部分（17 卷～27 卷），无环化合物部分（1 卷～4 卷）和碳环化合物部分（5 卷～16 卷）均未出版。因此，本书印刷版没有 1959 年以后的无环化合物和碳环化合物，以及 1979 年以后的杂环化合物的综合性资料。为了使收集的文献更全，更新速度更快，自 1994 年起，推出了 CrossFire Beilstein 数据库，该数据库的来源为 Beilstein 从第四版正编到第四补编的全部内容和 1960 年以来的原始文献数据，包括熔点、沸点、密度、折射率、旋光性等和从天然产物中分离的方法，包含 800 多万种有机化合物和 900 多万个反应。1999 年以后，印刷版停止出版。

2011 年，CrossFire 数据库的 3 个子库 CrossFire Beilstein、CrossFire Gmelin（前身是 Gmelin Handbook of Inorganic and Organometallic Chemistry，格梅林无机和有机金属化学手册）和 Patent Chemistry Database（化学专利数据库）被整合在一起，成为 Reaxys 数据库，由 Elsevier 公司出版，网址（http：//www. elsevier. com/online – tools/reaxys）。Reaxys 数据库中有机化学部分收录了 900 余万种有机化合物，1000 余万条反应式，以及相关的数据和文献。

（二）参考书

1. Organic Syntheses 本书最初由 Adams R 和 Gilman H 主编，后由 Blatt A H 任主编，现任主编 Danheiser R。于 1921 年开始出版，每年 1 卷，2013 年已出至第 90 卷。本书是一套详细介绍有机合成反应操作步骤的丛书，主要介绍各种有机化合物的制备方法；也介绍了一些有用的无机试剂制备方法。每个反应都经过至少两个实验室重复验证通过，内容可信度极高。所选实验步骤叙述得非常详细，对一些特殊的仪器、装置往往是同时用文字和图形来说明，最引人入胜的是后面的 Notes，详细说明操作时应该注意事项及解释为何如此设计、不当操作可能导致的副产物等。

另外，本书每十卷有合订本（Collective Volume），2011 年已出版了第 11 本合订本。卷末附有分子式、反应类型、化合物类型、主题等索引，其中 1～30 卷合订本有中文译本。目前，该书建有网络数据库（http：//www. orgsyn. org/）供免费查阅。

2. Organic Reactions 本书是一套介绍著名有机反应的综述丛书，最早由 Adams R 主编，现任主编 Denmark S。自 1942 年起开始出版，刊期并不固定，2011 年出版第 75

卷，2012 年出版第 76~78 卷，2013 年已出版到第 82 卷。本书主要介绍有机化学中有理论价值和实际意义的反应，如 2013 年第 82 卷，收录有 McMurry Coupling and Related Reactions，Catalytic Asymmetric Ketene 2 +2 and 4 +2 Cycloadditions 反应等。每个反应都分别由在这方面有一定经验的人来撰写。内容描述极为详尽，包括前言、历史介绍、反应机理、各种反应类型、应用范围和限制、反应条件和操作程序、总结。每章有许多表格刊载各种研究过的反应实例，附有大量的参考文献。卷末有以前各卷的作者索引和章节及题目索引。该书现有网络版，主页（http：//organicreactions. org/index. php/Welcome_ to_ the_ Organic_ Reactions_ Wiki_ Home_ Page），反应索引（http：//organicreactions. org/index. php/Published_ Organic_ Reactions_ chapters）。

3. Reagents for Organic Synthesis　本书早期由 Fieser LF 和 Fieser M 编写，现名 Fieser's Reagents for Organic Synthesis，Tse – Lok Ho 负责编辑，John Wiley & Sons 出版公司出版。本书是一本有机合成试剂的全书，收集面很广。第 1 卷于 1967 年出版，其中将 1966 年以前的著名有机试剂都做了介绍。每个试剂按英文名称的字母顺序排列。本书对入选的每个试剂都介绍了化学结构、相对分子质量、物理常数、制备和纯化方法、合成方面的应用等，并列出了主要的原始文献以备进一步查考。每卷卷末附有反应类型、化合物类型、合成目标物、作者和试剂等索引。第 2 卷出版于 1969 年，收集了 1969 年以前的资料，并对第 1 卷部分内容做了补充。其后每 1~2 年出版 1 卷，每卷都收集了相邻两卷间的资料，至 2013 年已出版到第 27 卷。

4. Synthetic Method of Organic Chemistry　本书早期由 Theilheimer W 主编，第 1 卷出版于 1942~1944 年。现在该书叫 Theilheimer's Synthetic Methods of Organic Chemistry，由 Tozer – Hotchkiss G. 负责编辑，Karger 出版公司出版，至 2012 年出版到第 80 卷。本书收集了生成各种键的较新及较有价值的方法。卷末附有主题索引和分子式索引。

5. 有机化学实验（兰州大学编，王清廉等修订，高等教育出版社）　本书为全国综合性大学化学系有机化学基础课实验教材，1978 年出版第 1 版，1994 年修订出版第 2 版，2010 年出版第 3 版。全书分为有机化学实验的一般知识、有机化学实验基本操作、有机化合物的制备与反应、有机化合物的鉴定和附录五个部分。与第 2 版相比，将过去的常量制备改为以小量和半微量为主，兼顾微量制备。一般知识、基本操作部分叙述更为翔实，增补了必要的数据、图表和插图，新增了化学试剂的取用和转移、无水无氧装置和操作技术与高效液相色谱等。制备实验由第 2 版的 75 个增加到 96 个。

6. 有机化学实验（曾昭琼主编，高等教育出版社）　本书为全国师范院校化学系有机化学基础课实验教材，共分 6 个部分。第 1 部分为一般常识，第 2 部分为基本操作和实验技术，第 3 部分为有机化合物的制备，第 4 部分为有机化合物的性质，第 5 部分为理论部分，第 6 部分为附录。

7. Organic Experiments（D C Heath and Company）　本书在 1935 年出版第 1 版，当时书名为《有机化学实验》，1941 年出版第 2 版，1955 年出版第 3 版，1957 年出版第 3 版修订本。从 1964 年起改用《有机实验》（Organic Experiments），1992 年出版第 7 版。第 7 版共收录 74 个实验，前 10 个实验是概论和基本操作，包括基本介绍、实验室安全和废物处理、重结晶、熔点和沸点的测定、蒸馏、水蒸气蒸馏、减压蒸馏和升华、萃取、薄层色谱、柱层析等，最后 1 个实验是关于化学文献的查找，其余实验大多为合成实验。本书还收录了波谱实验（包括液相色谱、红外光谱、核磁共振氢谱和紫外光谱等）以及化合物的分离提纯实验。全书内容详实可靠，图文并茂，大多数产物提供波谱数据。本书第 3 版已有中文译本。最新版为 2003 年出版的第 9 版。

8. Vogel's Textbook of Practical Organic Chemistry（Longman London） 本书第 1 版于 1948 年出版，1989 年出版第 5 版。本书是一套有机化学实验方面的综合工具书，涵盖了有机化学反应实验的基本技术、有机化合物的光谱分析法、溶剂和反应试剂，以及各类有机化合物的代表性制备实验，其中有关有机化合物的制备实验，作者给出了大量的实例，有些是较新的反应。最后还列出了有机化合物的物理性质以及红外、质谱和核磁共振的光谱数据表。全书共分 10 章，各章分别为：有机合成、实验技术、谱学方法和谱图的解析、溶剂和试剂、脂肪族化合物、芳香化合物、脂环化合物、杂环化合物、有机化合物的性质和表征、有机化合物的物理常数。

（三）期刊杂志

目前世界各国出版的有关化学的期刊杂志有近万种，直接的原始性化学杂志也有上千种，在这里仅介绍有关的主要中文杂志。

1. 中国科学 《中国科学》由中国科学院和国家自然科学基金委员会共同主办，创刊于 1950 年（1950～1966；1972～）。1952～1966 年仅有英文版，1972 年开始出版中文和英文两种版本，刊登我国自然科学各个领域中的研究成果。1996 年起，《中国科学》分为 A、B、C、D、E 共 5 辑，2001 年和 2003 年又相继分出 F 辑和 G 辑。B 辑为《中国科学》化学分册，主要报道化学学科基础研究及应用研究方面具重要意义的创新性研究成果，并有中英文两个版本，2008 年起均改为月刊。自 2010 年起，中文版刊名由《中国科学 B 辑：化学》变更为《中国科学：化学》；英文版刊名由 Science in China Series B：Chemistry 变更为 SCIENCE CHINA Chemistry，网址（http：//chem. scichina. com/）。C 辑为《中国科学》生命分册，主要报道生物学、农学和医学领域的基础研究与应用研究方面具有重要意义和创新性的最新研究成果，也有中英文两个版本，均为月刊。现中文版刊名为《中国科学：生命科学》；英文版刊名为 SCIENCE CHINA Life Sciences，网址（http：//life. scichina. com/）。自 2006 年起，《中国科学》英文版各辑均由德国 Springer 出版公司负责全球发行，可登录 Springer 数据库查看英文版全文。

2. 科学通报 《科学通报》由中国科学院和国家自然科学基金委员会共同主办，目前为旬刊。该刊致力于快速报道自然科学各学科基础理论和应用研究的最新研究动态、消息、进展，点评研究动态和学科发展趋势，是自然科学综合性学术刊物，有中英文两种版本。中文版创刊于 1950 年，英文版创刊于 1966 年。2010 年起，中英文版均改为旬刊，网址（http：//csb. scichina. com/）。英文版 Chinese Science Bulletin 自 2011 年起，发表的全部文章采取开放存取的方式出版，可在 SpringerLink 数据库免费下载全文。

3. 化学学报 《化学学报》由中国化学会和中国科学院上海有机化学研究所主

办，目前为月刊。该刊创刊于 1933 年，原名《中国化学会会志》（Journal of the Chinese Chemical Society），是我国创刊最早的化学学术期刊，1952 年更名为《化学学报》，并从外文版改成中文版。《化学学报》刊载化学领域各分支学科基础研究的原始性、首创性成果，涉及物理化学、无机化学、有机化学、分析化学和高分子化学等。2004 ~ 2012 年为半月刊，2013 年起为月刊，网址（http：//sioc – journal. cn/Jwk_ hxxb/CN/volumn/current. shtml）。

4. 中国化学（Chinese Journal of Chemistry） "Chinese Journal of Chemistry"（《中国化学》英文版）由中国化学会和中国科学院上海有机化学研究所主办，目前为月刊。该刊创刊于 1983 年，原为《化学学报》英文版。自 1989 年起，内容不再与《化学学报》中文版内容重复，并改为双月刊。1990 年起开始改用现刊名 "Chinese Journal of Chemistry"，2001 年起改为月刊。2005 年起，该刊由上海有机所学报联合编辑部与 Wiley – VCH 出版公司联合出版，"Chinese Journal of Chemistry" 的全文电子版由 Wiley 公司制作，并入其专业网站，网址（http：//onlinelibrary. wiley. com/journal/10. 1002/（ISSN）1614 – 7065）。该刊刊载物理化学、无机化学、有机化学和分析化学等各学科领域基础研究和应用基础研究的原始性研究成果。

5. 高等学校化学学报 《高等学校化学学报》由教育部委托吉林大学和南开大学主办，1964 年创刊。其前身为《高等学校自然科学学报》（化学化工版），1980 年更名为《高等学校化学学报》。原为季刊，1983 年改为双月刊，1985 年改为月刊。以学术论文、研究快报、综合评述等栏目重点报道中国高等院校师生和中国科学院各研究所研究人员在化学学科及其相关交叉学科领域中的基础研究、应用研究和开发研究方面所取得的创造性研究成果，网址（http：//www. cjcu. jlu. edu. cn/CN/volumn/current. shtml）。

6. 高等学校化学研究（Chemical Research in Chinese Universities） "Chemical Research in Chinese Universities"（《高等学校化学研究》英文版）是教育部委托吉林大学主办的化学学科综合性学术刊物。1984 年创刊，2004 年由季刊改为双月刊。本刊以研究论文、研究快报、研究简报和综合评述等栏目集中报道我国高等院校和中国科学院各研究所在化学学科及其交叉学科、新兴学科、边缘学科等领域所开展的基础研究、应用研究和重大开发研究所取得的最新成果，网址（http：//www. cjcu. jlu. edu. cn/hxyj/CN/volumn/current. shtml）。

7. 中国化学快报（Chinese Chemical Letters） "Chinese Chemical Letters"（《中国化学快报》英文版）由中国化学会主办，中国医学科学院药物研究所承办，创刊于 1990 年 7 月，英文月刊，该刊报道内容涵盖化学各领域，及时反映化学各相关领域的最新进展及热点问题。2007 年，该刊与荷兰 Elsevier 出版集团合作，实现了印刷与在线同时出版，发表的文章可登录 Elsevier 数据库查看全文，网址（http：//www. chinchemlett. com. cn/CN/volumn/home. shtml）。

8. 有机化学 《有机化学》由中国化学会和中国科学院上海有机化学研究所主办，创刊于 1980 年，现为月刊，主要刊登有机化学领域基础研究和应用基础研究的原始性研究成果，设有综述与进展、研究论文、研究通讯、研究简报、学术动态、研究专题、亮点介绍等栏目，网址（http：//sioc – journal. cn/Jwk ＿ yjhx/CN/volumn/current. shtml）。

9. 化学通报　《化学通报》是中国化学会和中国科学院化学研究所主办的综合性学术月刊，1934 年创刊。该刊主要反映国内外化学及其交叉学科的进展，介绍新的知识和实验技术，报道最新科技成果，提供各类信息，促进国内外学术交流，以报道知识介绍、专论、教学经验交流等为主，也有研究工作报道。《化学通报》现有"印刷版"和"网络版"，其中网络版单独发表论文，网络版网址（http：//www. hxtb. org/）。

10. 大学化学　《大学化学》由北京大学和中国化学会共同主办，1986 年创刊，现为双月刊，主要刊登推动化学教育的科学研究和组织研究成果的交流文章，介绍化学科学发展，报道化学学科及相关学科研究的新知识、新技术，为促进教师知识更新、扩大学生知识面、提高化学教学水平服务，网址（http：//www. dxhx. pku. edu. cn/CN/volumn/current. shtml）。

11. 合成化学　《合成化学》由四川省化学化工学会和中国科学院成都有机化学研究所主办。1993 年创刊，现为双月刊。主要报道有机合成、高分子合成及无机合成的新方法、新技术和新化合物及其应用的研究成果，并及时评述国内外这些领域的发展趋势，促进国内外学术交流。主要栏目有：综合评述，研究论文，快递论文，研究简报和制药技术。网址（http：//www. cocc. cn/Download. aspx？ ClassID ＝50&pid ＝51）。

12. 化学试剂　《化学试剂》由中国分析测试协会、国药集团化学试剂有限公司、北京国化精试咨询有限公司主办，全国化学试剂信息站承办，创刊于 1979 年，2005 年起为月刊。该刊即时报道和介绍化学试剂、精细化学品、专用化学品及相关领域的最新研究进展、理论知识、科研成果、技术经验、新产品的合成、分离、提纯以及各种分析测试技术、分析仪器、行业动态等，及时反映国内外的发展水平，网址（http：//www. chinareagent. com. cn/gy. aspx？ f ＝3）。

13. 中国药物化学杂志　《中国药物化学杂志》是由中国药学会与沈阳药科大学共同主办的，国内惟一专门反映药物化学领域科研成果及科技信息的专业性学术期刊，创刊于 1990 年，现为双月刊。设有研究论文、研究简报、新药信息、科研快报、合成路线图解、综述等栏目，刊载新化合物的合成及活性、计算机辅助药物设计、定量构效关系研究、药物合成方法、合成工艺改进、合成反应研究、天然产物分离鉴定及全合成研究等方面的科研论文以及新药信息、科研快报等报道性文章，网址（http：//www. zgyhzz. cn/cn/dqml. asp）。

计算机和网络技术的普及，使期刊的形式发生了变化，除传统的印刷版以外，还出现了将各种期刊整合、收录并提供期刊文献全文的数据库系统。期刊数据库使人们足不出户，就可以查询到各种期刊所刊载的文献摘要及全文。国内期刊数据库主要有CNKI 中国知网（http：//www. cnki. net/），维普中文科技期刊数据库（http：//www. cqvip. com/），万方数据知识服务平台（http：//www. wanfangdata. com. cn/）等。

（四）化学文摘

据报道目前世界上每年发表的化学、化工文献达几十万篇，如何将如此大量、分散的各种文字的文献加以收集、摘录、分类、整理，使其便于查阅，这是一项十分重要的工作，化学文摘就是处理这种工作的杂志。

美国、德国、俄罗斯、日本都有文摘性刊物，其中，美国化学文摘最为重要，在此简单介绍如下。

美国化学文摘（Chemical Abstracts），简称 CA，美国化学会主办，1907 年创刊，是目前报道化学文摘最悠久、最齐全的刊物。报道范围涵盖世界 160 多个国家 60 多种文字，17000 多种化学及化学相关期刊的文摘，每周出版一期，一年共报道 70 万条化学文摘，占全球化学文献的 98%。CA 自 1971 年（第 71 卷）开始，每逢单期号（A辑）刊载生物化学类和有机化学类内容，而每逢双期号（B 辑）刊载大分子化学、应用化学与化工、物理化学与分析化学类内容。有关有机化学方面的内容几乎都在单期号内。1997 年（第 126 卷）起，A、B 两辑合并在每期中出版。

CA 包括两部分内容：①文摘部分，从资料来源刊物上将一篇文章按一定格式缩减为一篇文摘。早期按索引词字母顺序编排，或给出该文献所在的页码，现在发展成一篇文摘占有一个顺序编号。②索引部分，其目的是，使用最简便、最科学的方法既全又快地找到所需资料的摘要，若有必要再从摘要列出的来源刊物寻找原始文献。CA 的优点在于从各方面编制各种索引，使读者省时、全面地找到所需要的资料。因此，掌握各种索引的检索方法是查阅 CA 的关键。

由于文摘数量庞大，CA 设计和出版了许多不同形式的索引，按照时间区分有期索引（一周）、卷索引（每 26 期）、累积索引（每 10 卷，约 5 年）3 种；按照内容区分有关键词索引（keyword index）、作者索引（author index）、专利索引（patent index）、主题索引（subject index）、普通主题索引（general subject index）、化学物质索引（chemical substance index）、分子式索引（formula index）、环系索引（index of ring system）、登记号索引（registry number index）、母体化合物索引（parent compound index）以及索引指南（index guide）、资料来源索引（CAS source index）等。

每种索引的使用方法可以参阅每期、每卷或每累积本的第一本前面的范例说明，CA 除了作为图书文摘阅读，其主要功用在于查找文献资料，例如：查找某个化合物的原始报道（可以从分子式索引、化学物质索引、登记号索引、环系索引等着手），查找某个化学反应（化学物质索引），查找某人近年来的科研情形（作者索引），查找某项专利内容（专利索引）。

由于文献信息量的迅速增加以及计算机和数据库技术的成熟，1969 年化学文摘服务社开始发行数据磁带，1987 年又出版了更经济、更方便的光盘版（称为 CA on CD），1995 年又推出了在线文献数据库，这些存储介质提供了联机检索的快捷服务。

为了使收集的文摘更全面，更新速度更快，美国化学文摘社自 2010 年 1 月 1 日起，停止出版 CA 印刷版。1995 年，CA 网络版 SciFinder 的问世，使文摘的检索更加方便，不仅使检索方式灵活多样，还可以进行系统、全面地检索。CA 先后开发了基于客户端软件 SciFinder Scholar 和基于网络访问的 SciFinder Web 版。SciFinder 数据库来源包含七大数据库，即文献数据库 CAplus 和 Medline（CAplus 覆盖化学相关众多学科领域的多种参考文献，Medline 是美国国立医学图书馆出品的生命科学医学信息数据库）；结构数据库 Registry 是世界上最大的物质数据库；反应信息数据库 CAS React；专利数据库

Marpat，用于专利的 Markush 结构的检索；商业来源数据库 Chemcats，提供化学品的商业信息，包括价格、质量等级、供应商信息；管制数据库 Chemlist，查询化学品备案和管控信息。其中 Registry 数据库收录了 7000 余万个有机物和无机物的信息，每日新增 1 万余种新物质。CAS React 收录近 5000 万条反应，并且每日更新。2012 年底，SciFinder Scholar 客户端服务停止使用，用户需通过 SciFinder Web 版方式进行检索。

此外，随着时代的发展，一些网络搜索引擎，也可以提供化学品的理化常数、危险指标等相关数据，常用的网络搜索引擎有维基百科、百度、Google 等。与传统的工具书、手册、参考书相比，网络资源具有便捷性、新颖性和开放性的特点。便于随时查阅，一台电脑做为终端，就可以查询到需要的数据。还可以随时更新，收录新出现的物质，或者是"热点"化合物，比如三聚氰胺、苏丹红。但"人人都可以当编辑"的开放性，使得网络资源的权威性与准确性无法得以保证，查询结果还需要使用工具书和手册进行核对。

第二章 有机化学实验基本操作和实验技术

一、仪器的清洗、干燥和保养方法

（一）常用仪器的清洗

进行有机反应时所用实验仪器必须清洁干燥。仪器是否清洁的标志是：加水倒置，水顺着器壁流下，内壁被水均匀润湿后留一层既薄又均匀的水膜，不挂水珠。

为了使清洗工作简便有效，最好在每次实验结束以后，立即清洗使用过的仪器。因为污物的性质在当时是清楚的，容易用合适的方法除去。若放置时间过长，会增加洗涤的困难。

有机化学实验中，最简单而常用的清洗玻璃仪器的方法是用长柄毛刷（试管刷）和去污粉刷洗器壁，直至玻璃表面的污物除去为止，最后再用自来水清洗，但用腐蚀性洗液洗涤时则不用毛刷。洗涤玻璃器皿时不应该用砂纸，它会擦伤玻璃乃至破裂。若难于洗净时，则可根据污垢的性质选用适当的洗液进行洗涤。如果是酸性（或碱性）的污垢可用碱性（或酸性）的洗液洗涤；有机污垢则用碱液或有机溶剂洗涤。下面介绍几种常用的洗液。

1. 铬酸洗液 铬酸洗液氧化性很强，对有机污垢破坏力很强。倾去器皿内的水，慢慢倒入洗液，转动器皿，使洗液充分浸润不干净的器壁，数分钟后把洗液倒回洗液瓶中，再用自来水冲洗器皿。若壁上沾有少量炭化残渣，可加入少量洗液，浸泡一段时间后再在小火上加热，直至冒出气泡，炭化残渣可被除去。但当洗液颜色变绿，表示洗液已经失效，不能倒回洗液瓶中。

2. 盐酸 用浓盐酸可以洗去附着在器壁上的二氧化锰或碳酸盐等污垢。

3. 碱液和合成洗涤剂 配成浓溶液即可，用于洗涤油脂和一些有机物（如有机酸）。

胶状或焦油状的有机污垢，如用上述方法不能洗去时，可选用丙酮、乙醚、甲苯浸泡，但要加盖以免溶剂挥发。此外也可用 NaOH 的乙醇溶液作为洗涤剂。用有机溶剂作为洗涤剂时，必须回收重复使用。

有机化学实验中还常用超声波清洗器来洗涤玻璃仪器，既省时又方便。只要把用过的仪器，放在配有洗涤剂的溶液中，接通电源，利用声波的震动和能量，即可达到清洗仪器的目的。清洗过的仪器，再用自来水漂洗干净即可。

用于精制或有机分析用的器皿，除用上述方法处理外，还须用蒸馏水冲洗。

但是，必须明确反对盲目使用各种化学试剂和有机溶剂清洗仪器，因为盲目使用各种化学试剂和有机溶剂不仅造成浪费，而且还可能存在危险。

（二）常用仪器的干燥

用于有机化学实验的玻璃仪器，除需要洗净外，常常还需要干燥。仪器的干燥与否,有时甚至是实验成败的关键。一般将洗净的仪器倒置一段时间后,若没有水迹,即可使用。有些实验须严格要求无水,否则阻碍反应正常进行。干燥玻璃仪器的方法有下列几种。

1. 自然风干 自然风干是指把已洗净的仪器放在干燥架上自然风干,这是常用且简单的方法。但必须注意:如玻璃仪器洗得不够干净,则水珠不易流下,干燥较为缓慢,风干后会留有污迹。

2. 烘干 把玻璃仪器放入烘箱内烘干,仪器口向上。带有磨砂口玻璃塞的仪器,必须取出活塞再烘干。烘箱内的温度保持在 $100 \sim 155℃$ 片刻即可。已烘干的玻璃仪器最好先在烘箱内降至室温后再取出。切不可让很热的玻璃仪器沾上冷水,以免破裂。

3. 吹干 用气流烘干机或用吹风机把仪器吹干。

4. 有机溶剂干燥 急用时可用有机溶剂协助干燥,即往仪器内依次注入少量乙醇或乙醚,然后转动仪器让溶剂在内壁流动,全部润湿后倒出,再用电吹风吹干以达到快速干燥的目的。

(三) 常用仪器的保养方法

有机化学实验的各种玻璃仪器的性质是不同的,必须掌握它们的性能及保养和洗涤方法,才能正确使用,提高实验效果,避免不必要的损失。下面介绍几种常用玻璃仪器的保养和清洗方法。

1. 温度计 温度计汞球部位的玻璃很薄,容易打破,使用时要特别小心。不能把温度计当搅拌棒使用,不能测定超过温度计的最高刻度的温度,亦不能把温度计长时间放在高温的溶剂中;否则,会使汞球变形,导致测定温度不准。

温度计使用后要慢慢冷却。特别在测量高温之后,切不可立即用水冲洗,否则会破裂或汞柱断裂开。使用后应悬挂在铁座架上,待冷却后再洗净晾干、放回温度计盒内,盒底要垫上一小块棉花。如果是纸盒,放回温度计时要检查盒底是否完好。

2. 冷凝管 冷凝管通水后较重,所以装冷凝管时应将夹子夹紧在冷凝管重心的地方,以免翻倒。如内外管都是玻璃质的,则不适用于高温条件下使用。

洗刷冷凝管时要用长毛刷,如用洗涤液或有机溶剂洗涤时,清洗后的冷凝管应放在干燥架上晾干,以备使用。

3. 分液漏斗 分液漏斗的活塞和顶塞都是磨砂口的,若非原配,就可能不严密。所以,使用时要注意保护,各个分液漏斗之间也不要互相调换,使用后一定要在活塞和顶塞的磨口间垫上纸片,以免长时间放置后难以打开。

4. 蒸馏烧瓶 蒸馏烧瓶的支管容易被折断,故无论在使用或放置时都要特别注意保护蒸馏烧瓶的支管,支管的熔接处不能直接加热。

二、加热和冷却

(一) 加热

某些化学反应在常温下很难发生或进行得很慢。因此为了增加反应速度,往往需要在加热下进行反应。一般情况下,化学反应的速度随温度的升高而加快。大体上反应温度每升高 $10℃$,反应速度就会增加一倍。此外,有机化学实验的许多基本操作如回流、蒸馏、溶解、重结晶、熔融等都需要加热。

实验室常用的加热器具有煤气灯、酒精灯、电热套和封闭电炉等。但玻璃仪器一般很少用火焰直接加热，因为剧烈的温度变化和加热的不均匀会造成玻璃仪器的损坏。同时，由于局部过热，还可能引起有机化合物的部分分解，甚至可能发生爆炸事故。因此，实验中常常根据具体情况采用不同的间接加热方式。最简便的是通过石棉网进行加热，但这种加热仍很不均匀，在减压蒸馏或回流低沸点易燃物等操作中就不能应用。为了保证加热均匀和操作安全，经常选用合适的热浴来进行间接加热。

1. 水浴 当所需加热温度在80℃以下时，可将反应容器浸入水浴锅中加热，使水浴的温度达到所需温度。水浴加热均匀，温度易控制，适合于低沸点的物质加热和回流。水浴的液面应稍高出反应容器内的液面。还应注意的是，勿使容器触及水浴锅的底部。水浴锅一般为铜制或铝制。当加热少量的低沸点物质时，也可用烧杯代替水浴锅。专门的水浴锅的盖子是由一组直径递减的同心圆环组成的，它可以有效地减少水分的蒸发。

2. 空气浴 空气浴就是让热源把局部空气加热，空气再把热能传导给反应容器。沸点在80℃以上的液体均可采用空气浴加热。直接利用煤气灯隔着石棉网对容器加热，这是最简单的空气浴，但受热不均匀，因此不适合低沸点易燃液体或减压蒸馏。电热套是比较好的空气浴，能从室温加热到200℃左右。安装电热套时，要使反应瓶外壁与电热套内壁保持2cm左右的距离，以防止局部过热。为了便于控制温度，可连接调压的变压器。

3. 油浴 当加热温度在100~250℃范围时，用油浴较合适。油浴加热的优点是使反应物受热均匀。油浴所能达到的最高温度取决于所用油的种类。一般情况下，反应物的温度应低于油浴液的温度20℃左右。常用的油浴液有：石蜡油（液体石蜡）、石蜡、甘油、植物油和硅油。

（1）石蜡油 能加热到200℃左右，温度再高时并不分解，但较易燃烧。

（2）石蜡 可以加热到200℃左右，冷却到室温时凝成固体，保存方便。

（3）甘油 可加热到140~150℃，温度过高则会分解。

（4）植物油 常用的有菜籽油、蓖麻油和大豆油等，可以加热到220℃，常加入1%对苯二酚等抗氧化剂，便于长期使用。当温度过高时会分解，达到闪点时可能会燃烧，所以，使用时要小心。

（5）硅油 在250℃时较稳定，透明度好，但价格较昂贵。

用油浴加热时，油浴中应放置温度计（温度计不要碰到油浴锅底），以便随时观察和调节温度。此外，还应注意，不要把水溅入油浴锅内，以免产生泡沫或爆溅。

4. 砂浴 当加热温度在250~350℃时应采用砂浴。通常将清洁且干燥的细砂装在铁盘中，把反应容器半埋在砂中，加热铁盘。保持其底部留有一层砂层，以防局部过热。但由于砂浴温度分布不均匀，且传热慢，温度上升慢，散热又太快，所以使用范围有限。

5. 其他加热方法 除了以上介绍的几种常用的加热方法外，还可用熔盐浴、金属浴（合金浴）、电热法等更多的加热方法，应根据实验需要和实验条件进行选择使用。

（二）冷却

根据一些实验对低温的要求，在操作中需使用致冷剂，进行冷却操作，以便在一定的低温条件进行反应、分离和提纯等。

以下几种情况下应使用冷却剂。

（1）某些反应，其中间体在室温下是不稳定的，这时反应就应在特定的低温条件下进行，如重氮化反应，一般在 0~5℃ 下进行。

（2）反应放出大量的热，需要降温来控制反应速度。

（3）为了降低固体物质在溶剂中的溶解度，以加速结晶的析出。

（4）为了减少损失，把一些沸点很低的有机物冷却。

（5）高度真空蒸馏装置。

冷却剂的选择应根据冷却时所需要的温度和吸收的热量来决定。

（1）水　水价廉且热容量高，是常用的冷却剂。

（2）冰－水混合物　容易得到的冷却剂，冰越碎效果越好。

（3）冰－盐混合物　即往碎冰中加入食盐或氯化钙等，可冷至 -5 ~ -18℃。

（4）干冰　可冷至 -60℃ 以下，当把干冰加入到甲醇或丙酮等适当的溶剂中时，可冷至 -78℃。

（5）液氮　可冷至 -196℃。

注意：在低于 -38℃ 时，不能用水银温度计，需使用有机液体低温温度计。

三、熔点的测定

通常认为固体化合物受热达到一定温度时，固体熔化转变为液体，这时的温度就是该化合物的熔点。严格意义上讲固体化合物的熔点是：在一个大气压下，固液两相达到平衡状态的温度。大多数晶体有机物都具有固定的熔点，且绝大多数在 300℃ 以下，较易测定。

然而，在实际测定实验中，有机化合物开始熔化到完全熔化存在一个温度区间，这个温度区间叫熔程，也叫熔距或熔点范围。纯净的化合物熔程一般不超过 0.5℃。当化合物含有杂质时，其熔点往往较纯净物熔点低，且熔程变长。因此，测定熔点可以估测化合物的纯度。

（一）基本原理

若需准确测定化合物的熔点，必须借助于相图。在一定的温度和压力下，将某一化合物的固液两相放在同一容器中，这时可能会出现 3 种情况：固相迅速转化为液相；液相迅速转化为固相；固液两相共存（固液共存的温度即熔点）。在某一温度下，固液两相的比例可从该化合物的蒸气压与温度的曲线（相图）关系判断。蒸气压大的相相对于蒸气压小的相所占的比例高。图 2－1a 表示固相的蒸气压和温度的关系，图 2－1b 表示液相的蒸气压和温度的关系，将图 2－1a 和 2－1b 两曲线加合即得图 2－1c 曲线，两曲线相交于 M 点，固液两相在该点可以共存，此时的温度 T 即为该化合物的熔点（melting point，缩写为 mp），这是纯净化合物有固定而敏锐的熔点的原因。

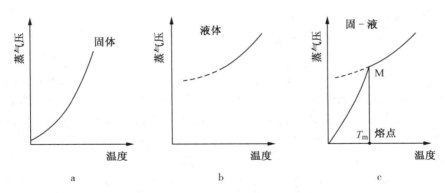

图 2-1　蒸气压和温度的关系曲线

　　大多数有机化合物的熔点不是通过相图确定的，实际工作中多采用毛细管法测定，我们观测的熔点是固体开始熔化到完全熔化的温度，即熔程，这个熔程被视作该化合物的熔点。

（二）熔点的测定

1. Thiele 管毛细管法

（1）仪器装置　熔点测定装置很多，目前实验室常用 Thiele 管，这种装置也是大多数实验教材重点介绍的方法，见图 2-2。

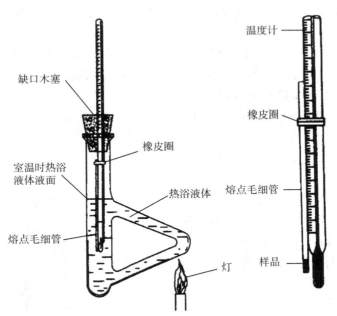

图 2-2　Thiele 管测定熔点装置

　　将 Thiele 管（又称 b 形管或熔点测定管）夹在铁架台上，管内装入热浴液体，液面稍高于侧管，管口配一带缺口单孔软木塞，中孔插入温度计，并使其刻度面向软木塞缺口，将装好样品的熔点管用橡皮圈紧固在温度计上，样品部分应靠在温度计汞球中部，温度计插入 Thiele 管中，其深度以汞球恰好在两侧管的中部为宜。加热时，火焰与 Thiele 管的倾斜部分接触，受热溶液沿管向上运动，从而促使整个 Thiele 管内溶液呈对流循环，保证温度均匀。

（2）毛细管的制备　取一支毛细管，内径约1mm，长约60～70mm，一端封闭的毛细管作为熔点管。

（3）样品的填装　取0.1～0.2g已烘干的样品，放在干净的表面皿或玻璃片上，用玻棒或钢铲研磨成粉末，并集成一堆，将熔点管的开口插入样品堆中，然后把开口一端向上，通过直立于表面皿上的直形玻璃管或冷凝管自由落下，重复几次，使样品紧密集结管底，填充高度约2～3mm。操作要迅速，防止样品吸潮，装入的样品要结实，受热时才均匀，如果有空隙，则不易传热，影响测定结果。

（4）熔点的测定　熔点测定的关键之一是加热速度，为了顺利而准确地测出熔点，对于未知样品可先用较快的加热速度粗略测定一次，得出大致的熔点范围，然后更换一根样品管再作精密的测定。开始时加热速度较快（4～5℃/min），当距熔点约10℃时，调小火焰，缓慢地加热（1～1.5℃/min），越接近熔点，加热速度越慢，并注意观察和记录样品是否有坍塌、萎缩、变色或分解现象。当观察到样品外围出现小滴液体（开始变透明时），即为初熔温度，当固体样品刚刚消失成为透明液体时，为全熔温度。

每次测定后，进行下一次测定时，浴液温度至少降低30℃后方可重新开始。

Thiele管熔点测定法的缺点是：浴液内因无搅拌上下温差大，火焰受外界空气的影响难于控制，熔点测定误差大。

2. 药典中熔点测定方法　药典中熔点测定也是毛细管法，对测定装置和测定方法作了详细的规定。

依据待测物质的性质不同，将测定方法分为3种：第一种是易粉碎的固体样品；第二种是不易粉碎的样品（如脂肪、脂肪酸、石蜡、羊毛脂等）；第三种是凡士林或其他类似物。这里只介绍第一类物质的测定方法。

（1）样品处理　取供测定样品，研磨成细末，按药典规定对样品进行干燥。装样方法同Thiele管法，样品高3mm。

（2）毛细管　毛细管长度在9cm以上，露出浴液上部3cm以上。毛细管壁厚0.9～1.1mm。

（3）浴液　熔点小于80℃用水，熔点大于80℃用硅油或液体石蜡。

（4）测定装置　测定装置中必须有搅拌器，加热时开动搅拌使温度保持均匀。

（5）熔点的测定　将浴液加热，当浴液温度上升至较样品熔点低约10℃时，将毛细管浸入浴液，贴附在温度计上，使样品部分在温度计汞球的中部。加热速度每分钟1.0～1.5℃。

药典中并未具体规定测定装置，根据药典要求，我们可以采用如图2-3的装置，选用适当容积的烧杯作测定容器，烧杯内放入浴液，杯底放入电热器加热，用调压变压器控制加热速度，烧杯底部放入磁棒，用磁力搅拌器作搅拌。

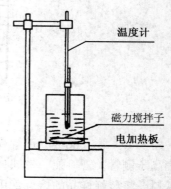

图2-3　带搅拌的熔点测定装置

（温度计、磁力搅拌子、电加热板）

操作时应注意以下两点。

（1）测定熔点，至少要有两次重复数据，每次都需要从头做起，不可将已测样品冷却固化后再作第二次测定，因为有些物质受热后可能已经发生分解或失去结晶水，或改变晶体结构，而使所测数据产生偏差。

（2）未知样品测定时，要快速加热粗略测定熔点，然后再进行精密测定。

用毛细管法测定熔点优点是：方法简单，仪器简便。缺点是不能观测样品加热过程中的变化情况，对于熔点过高的样品热浴液选择困难。

3. 显微熔点测定法 显微熔点测定是借助显微镜观察样品的一种方法，其实质是在显微镜下观察样品的熔化过程。目前显微熔点测定仪器种类很多，仪器装置也不尽相同。图 2-4 是一种显微熔点测定仪，该仪器与一般显微镜的不同是载物台带有加热装置。

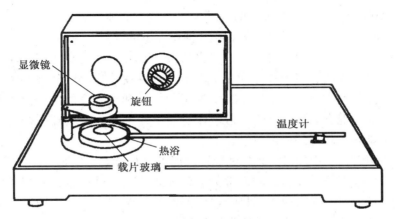

图 2-4 显微熔点测定仪

具体测定步骤：将样品研细，放在载玻片上，注意不要堆积，在显微镜的目镜里可以观察到样品的外形。开启加热器，用调压变压器控制加热速度。当温度接近样品熔点时，加热速度控制在每分钟 1.0~1.5℃。当样品的结晶棱角变圆时，熔化开始，记录为初熔温度，结晶刚刚完全消失样品全部熔化，记录为全熔温度，初熔温度至全熔温度即熔点范围。

该装置的优点是可以仔细观测并可以测定高熔点化合物。

【思考题】

1. 测定熔点对有机化合物的研究有什么实际意义？

2. 毛细管法测定熔点时，Thiele 管中应倒入多少热浴液体？

3. 为什么一根毛细管中的样品只用于一次测定？

4. 接近熔点时升温速度为何要放慢？

5. 什么时候开始纪录初熔温度和全熔温度？

四、蒸馏

蒸馏是分离提纯沸点不同的液体混合物的一种常用的方法。通过蒸馏还可以测定化合物的沸点，所以它对鉴定的液体有机化合物是否纯粹也具有一定的意义。

（一）基本原理

将液体加热，它的蒸气压就随着温度升高而增大，当液体的蒸气压增大到与外界施于液面的总压力（通常是大气压力）相等时，就有大量气泡从液体内部逸出，这种现象叫做沸腾。这时的温度称为液体的沸点。显然沸点与所受外界压力的大小有关。外界压力增大，液体沸腾时的蒸气压加大，沸点升高；相反，减小外界的压力，沸腾时的蒸气压下降，沸点就降低。

一般来说，在 101.3kPa（760mmHg）附近时，多数液体当压力下降 1.33kPa（10mmHg），沸点约下降 0.5℃。

由于物质的沸点随外界大气压的改变而变化，因此，表示一个化合物的沸点时，一定要说明测定沸点时外界的大气压，以便与文献值相比较。通常所说的沸点是在 101.3kPa（760mmHg）压力下液体的沸腾温度。例如，水的沸点为 100℃，即是指在 101.3kPa 压力下，水在 100℃时沸腾。在其他压力下的沸点应注明压力。如在 12.3kPa（92.5mmHg）下，50℃水即沸腾，这时，水的沸点可表示为 50℃/12.3kPa。

将液体加热至沸腾，使液体迅速变为蒸气，然后使蒸出的蒸气冷凝为液体，这两个过程的联合操作称为蒸馏。很明显，蒸馏可将挥发和不挥发的物质分离开来，也可将沸点不同的液体混合物分离开来。但液体混合物各组分的沸点必须相差很大（至少 30℃以上）才能得到较好的分离效果。

为了消除蒸馏过程中的过热现象和保证沸腾的平稳状态，常加入素烧瓷片或沸石，或一端封口的毛细管等助沸物，它们都能有效地防止加热过程中暴沸现象的发生。但应注意的是：切勿将助沸物加入已接近或已经沸腾的液体中！因为如果这时加入助沸物，将会引起猛烈的暴沸，液体易冲出瓶口，甚至发生火灾。如果加热后发现忘记加入了助沸物，应使液体冷却到沸点以下后才能加入。如蒸馏中途停止，也应在重新加热前补加新的助沸物，以免出现暴沸现象。

（二）蒸馏的过程

蒸馏的过程可分为以下 3 个阶段。

第一阶段，随着加热的进行，蒸馏瓶内的混合液不断气化，当混合液的饱和蒸气压与大气压相等时，液体沸腾，开始有液体被冷凝而流出，这部分馏分称为前馏分（或馏头）。一般这部分组分的沸点要低于要收集组分的沸点，因此，常作为杂质弃掉。有时被蒸馏的液体几乎没有馏头，但也应该将蒸馏出来的前 1~2 滴作为冲洗仪器的馏头去掉，以保证产品的质量。

第二阶段，温度稳定在沸程范围内，此时的馏分是所要的产品，沸程范围越小，组分纯度越高。随着馏分的蒸出，蒸馏瓶内混合液体的体积不断减少，直至温度超出沸程，即可停止接收。

第三阶段，如果混合物中只有一种组分需要收集，此时，蒸馏瓶内剩余的液体应作为残留物弃掉。如果是多组分蒸馏，第一组分蒸馏完毕后温度上升，当温度稳定在第二组分沸程时，即可接收第二组分。如果蒸馏瓶内液体很少时，温度会自然下降，此时应停止蒸馏。无论进行何种蒸馏操作，蒸馏瓶内的液体都不能蒸干，以防止蒸馏瓶过热或有过氧化物存在而发生爆炸。

进行常压蒸馏时，通常大气压不恰好等于 101.3kPa（760mmHg），因此，严格地说，应该对温度计进行校正。但一般偏差较小，因而可忽略不计。

在一定压力下，凡纯净的化合物，都有一个固定的沸点，但是具有固定沸点的液体不一定都是纯净化合物。因为当两种以上的物质形成共沸物时，它们的液相组成和气相组成相同，因此在同一沸点下，它们的组成一样。这样的混合物用一般的蒸馏方法无法分离。

（三）实验操作

1. 蒸馏装置及安装　图 2-5 所示为常用的蒸馏装置，主要由蒸馏烧瓶、蒸馏头、温度计套管、温度计、直形冷凝管、弯接管和接收瓶组成。

在安装仪器过程中应注意以下几点。

（1）安装仪器的顺序为自下而上，从左到右。蒸馏瓶距电热套底部距离 2cm 左右，以免造成局部过热。安装好的仪器要做到横平竖直，整齐美观。

（2）为了保证所测温度的准确性，应使温度计汞球的上端和蒸馏头支管的下沿处在同一水平线上。

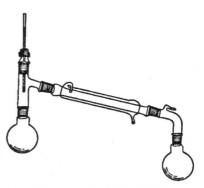

图 2-5　常压蒸馏装置图

（3）冷凝水应从冷凝管的下口流入，上口流出，以保证冷凝管的套管中始终充满水。

（4）蒸馏装置不能密闭，否则会引起爆炸。

（5）应根据馏分的沸点不同，使用不同的冷凝管。当馏分的沸点在 140℃ 以下时，一般用直形冷凝管；当高于 140℃ 时，宜采用空气冷凝管。

2. 蒸馏操作

（1）加料　仪器安装好之后，取下温度计套管和温度计，在蒸馏头上放置一个长颈漏斗，小心将待蒸馏液体倒入蒸馏瓶中，要注意不使液体从支管流出。再加入几粒助沸物，再一次检查仪器的各部分连接是否紧密和妥当。

（2）加热　在加热前，应检查仪器装配是否正确，原料、助沸物等是否加好，冷凝水是否通入，一切无误后方可加热。一旦液体沸腾温度计汞球部位出现液滴时，适当调节电压，使温度计汞球上常有被冷凝的液滴。蒸馏速度控制在以每秒 1~2 滴为宜。

（3）收集馏分　蒸馏前，至少要准备两个接收瓶，分别用来收集前馏分和馏分。记下馏分开始馏出时和最后一滴时温度计的读数，即是该馏分的沸程（沸点范围）。一般液体中或多或少地含有一些高沸点杂质，在所需要的馏分蒸出后，若再继续升高加热温度，温度计的读数会显著升高，若维持原来的加热温度，就不会再有馏液蒸出，温度会突然下降，这时就应停止蒸馏。即使杂质含量极少，也不要蒸干，以免蒸馏瓶破裂及发生其他意外事故。

（4）蒸馏完毕　应先关掉电源停止加热，将电压调节至零点，然后停止通水，拆下仪器。拆除仪器的顺序和安装的顺序相反，先取下接收瓶，然后拆下弯接管、冷凝管、蒸馏头和蒸馏瓶等，并清洗干净。

【实验】工业乙醇的蒸馏

按图 2-5 安装蒸馏装置。

在 250ml 蒸馏瓶中，加入 110ml 浅黄色的工业乙醇[①]。加料时用玻璃漏斗或沿着面对蒸馏瓶支管口的瓶颈壁将蒸馏液体小心倒入，注意勿使液体从支管流出。加入 2~3 粒沸石，通入冷凝水[②]。开始加热，要注意观察蒸馏瓶中的现象和温度计读数的变化。待蒸馏瓶内的液体沸腾后，调节电压，控制流出液滴的速度，以每秒钟 1~2 滴为宜。分别接收前馏分和馏分，并记录馏分的沸程。待接收的馏分的体积大于 60ml 后，可停止蒸馏。称量所收集的馏分的体积，测其浓度和温度，换算成 20℃时的浓度。计算回收率：$c_2 V_2 / c_1 V_1 \times 100\%$[③]。

本实验约需 4h。

【注释】

①浓度为 70% 左右，应在实验前测出其准确浓度。

②冷却水的流速以能保证蒸气充分冷凝为宜，通常只需保持缓缓的水流即可。

③c_1 为蒸馏前换算成 20℃后的体积浓度，c_2 为蒸馏后换算成 20℃后的体积浓度。V_1 为蒸馏前体积，V_2 为蒸馏后馏分体积。

【思考题】

1. 什么叫沸点？液体的沸点和大气压有什么关系？纯水在上海、昆明、拉萨的沸点都是 100℃吗？

2. 蒸馏时为什么蒸馏瓶所盛液体的量不应超过容积的 2/3，也不应少于 1/3？

3. 蒸馏时加入沸石的作用是什么？如果蒸馏前忘加沸石，能否立即将沸石加至将近沸腾的液体中？进行蒸馏时若中途停顿，原先加入的沸石能否继续使用？

4. 为什么蒸馏时最好控制馏出液的速度为 1~2 滴/秒？

5. 如果液体具有恒定的沸点，那么能否认为该液体是纯净的物质？

五、分馏

两种或两种以上能互溶的液体混合物，如果它们的沸点比较接近，用简单的蒸馏难以分离，这时可用分馏柱进行分离，即分馏。分馏实际上相当于多次蒸馏。它在实验室和化学工业中被广泛地应用于混合物的分离和纯化。

（一）基本原理

为了简化，我们仅讨论混合物是二元组分理想溶液的情况，所谓理想溶液也就是各组分在混合时无热效应产生，体积没有改变，遵守拉乌尔定律的溶液。这时，溶液（liquid）中每一组分的蒸气压等于此纯物质的蒸气压和它在溶液中的摩尔分数的乘积，即：

$$P_A = P_A^0 X_A^{liquid} \qquad P_B = P_B^0 X_B^{liquid}$$

或中，P_A、P_B 分别为溶液中 A 和 B 组分的分压；P_A^0、P_B^0 分别为纯 A 和纯 B 的蒸气压；x_A^{liquid} 和 x_B^{liquid} 分别为 A 和 B 在溶液中的摩尔分数。

溶液的总蒸气压：$P = P_A + P_B$

根据道尔顿分压定律，气相（gas）中每一组分的蒸气压和它的摩尔分数成正比。因此在气相中各组分蒸气的成分为：

$$x_A^{gas} = \frac{P_A}{P_A + P_B} \qquad\qquad x_B^{gas} = \frac{P_B}{P_A + P_B}$$

由上式推知，组分 B 在气相和溶液中的相对浓度为：

$$\frac{x_B^{gas}}{x_B^{liquid}} = \frac{P_B}{P_A + P_B} \times \frac{P_B^0}{P_B} = \frac{1}{x_B^{liquid} + x_A^{liquid}\dfrac{P_A^0}{P_B^0}}$$

因为在溶液中 $x_A^{liquid} + x_B^{liquid} = 1$，所以若 $P_A^0 = P_B^0$，则 $\dfrac{x_B^{gas}}{x_B^{liquid}} = 1$，表明这时液相的成分和气相的成分完全相同，这样的 A 和 B 就不能用蒸馏或分馏来分离。

如果 $P_B^0 > P_A^0$，则 $\dfrac{x_B^{gas}}{x_B^{liquid}} > 1$。这表明沸点较低的 B 在气相中的浓度较在液相中为大（在 $P_A^0 > P_B^0$ 时，也可作类似的讨论）。在进行一次蒸馏后的蒸气冷凝后得到的液体中，B 的组分比在原来的液体中多。如果将所得的液体再进行第二次蒸馏，在它的蒸气经冷凝后的液体中，易挥发的组分又将增加。如此多次反复，最终就能将这两个组分分开（凡形成共沸点混合物者不在此列）。所以，分馏就是借分馏柱来实现这种多次重复的蒸馏过程。

分馏柱主要由一根长而垂直、柱身有一定形状的空管组成，在管中常常填充特制的填料。总的目的是要增大液相和气相接触的面积，提高分离效率。当沸腾着的混合物进入分馏柱（工业上称为分馏塔）时，因为沸点较高的组分易被冷凝，所以冷凝液中就含有较多较高沸点的物质，而蒸气中低沸点的成分就相对地增多。冷凝液向下流动时又与上升的蒸气接触，二者之间进行热量交换，亦即上升的蒸气中高沸点的物质被冷凝下来，低沸点的物质仍呈蒸气上升，而在冷凝液中低沸点的物质则受热气化，高沸点的仍呈液态。如此经多次的液相与气相的热交换，使得低沸点的物质不断上升，最后被蒸馏出来，高沸点的物质则不断流回加热的容器中，从而将沸点不同的物质分离。

（二）简单分馏装置

分馏装置与简单蒸馏装置类似，不同之处是在蒸馏瓶与蒸馏头之间加了一根分馏柱。分馏柱的种类很多（图 2-6），实验室常用韦氏分馏柱，半微量实验一般用填料柱（图 2-6b），即在一根玻璃管内填上惰性材料，如玻璃、陶瓷或螺旋形、马鞍形等各种形状的金属小片。

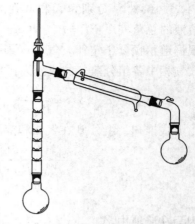

图2-6 刺形分馏柱（a）和填料式分馏柱（b）　　图2-7　应用刺形分馏柱的简单分馏装置

（三）简单分馏操作

简单分馏操作和蒸馏大致相同，仪器装置如图2-7将待分馏的混合物放入圆底烧瓶中，加入沸石；分馏柱的外围可用石棉布包住，这样可减少柱内热量的散发，减少空气流动和室温的影响；仔细检查后进行加热。液体沸腾后要注意调节温度，使蒸气慢慢升入分馏柱。当蒸气上升至柱顶时，温度计汞球即出现液滴。调节浴温使得蒸出液体的速度控制在每2～3秒1滴，这样可以得到比较好的分馏效果，待低沸点组分蒸完后，再渐渐升高温度。当第二个组分蒸出时，温度会迅速上升。这样，按各组分的沸点依次分馏出各组分的液体有机化合物。

要很好地进行分馏必须注意以下几点。

（1）分馏要缓慢进行，要控制好恒定的蒸馏速度。

（2）一般情况下，保持分馏柱内温度梯度是通过调节馏出液速度来实现的，若加热速度快，蒸出速度也快，柱内温度梯度变小，影响分离效果；若加热速度太慢，会使柱身被冷凝液阻塞，产生液泛现象，即上升蒸气把液体冲出冷凝管中。因此，可以通过控制加热速度和回流比来避免上述情况发生。回流比是指在一定时间内冷凝的蒸气以及重新流回分馏柱内冷凝液的数量与从分馏柱顶端蒸出的蒸馏液数量之间的比值，回流比越大，分离效果越好。

（3）选择适当方法保持柱内温度的恒定。必要时在分馏柱外面包一定厚度的保温材料，保证柱内的温度梯度。

【实验】环己烷和甲苯的分馏

在100ml圆底烧瓶中，加入25ml环己烷和25ml甲苯的混合物，加入几粒沸石，按图2-7装好分馏装置。用油浴加热，开始用小火，以使加热均匀，防止过热。当液体开始沸腾时，即见到一圈圈气液沿分馏柱慢慢上升，待其停止上升后，调节电压，提高温度，当蒸气上升到分馏柱顶部，开始有馏出液流出时，马上记下第一滴馏出液落到接收瓶中时的温度，此时更应该控制加热速度，使馏出液慢慢地以每秒钟约1滴的速度流出。当柱顶温度维持在65℃时，约收集10ml馏出液（A）。随着温度上升，分别收集 80～85℃（B）；85～100℃（C）；100～115℃（D）；115～125℃（E）的馏分。115～125℃的馏分很少，瓶内所剩为残留液。将不同馏分分别量出体积，以馏出液体积为横坐标，温度为纵坐标，绘制分馏曲线，如图 2－8 所示。

本实验约需 4h。

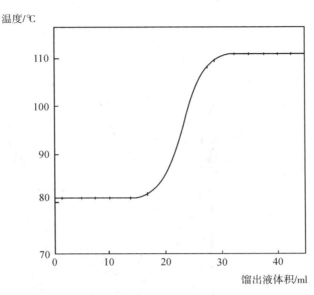

图 2－8　环己烷和甲苯混合物（1∶1）的分馏曲线

【思考题】

1. 若加热太快，馏出液每秒钟的滴数超过要求量，用分馏法分离两种液体的能力会显著下降，为什么？

2. 用分馏法提纯液体时，为了取得较好的分离效果，为什么分馏柱必须保持回流液？

3. 在分离两种沸点相近的液体时，为什么装有填料的分馏柱比不装填料的效率高？

4. 什么是共沸混合物？为什么不能用分馏法分离共沸混合物？

5. 在分馏时通常用水浴或油浴加热，其相对直接用火加热有什么优点？

六、减压蒸馏

减压蒸馏是分离和提纯有机化合物的一种重要方法，适合高沸点有机化合物或在常压下蒸馏易发生分解、氧化或聚合的有机化合物。

（一）基本原理

液体的沸点随外界压力变化而变化，若体系的压力降低了，则液体的沸点随之降低。在较低压力下进行蒸馏的操作称为减压蒸馏。减压蒸馏时物质的沸点与压力的关系可通过 3 种途径获得。

（1）查阅有关手册、辞典或参考书。

（2）根据图 2－9，近似地推算出物质在不同压力下的沸点。例如，乙酰乙酸乙酯常压下沸点为181℃，现欲找其在2.67kPa（20mmHg）的沸点为多少度，可在图2-9的b线上找出181℃的点，将此点与c线上2.67kPa（20mmHg）处的点连成一直线，把此线延长与a线相交，其交点所示的温度就是乙酰乙酸乙酯在2.67kPa（20mmHg）时的沸点，约为82℃。

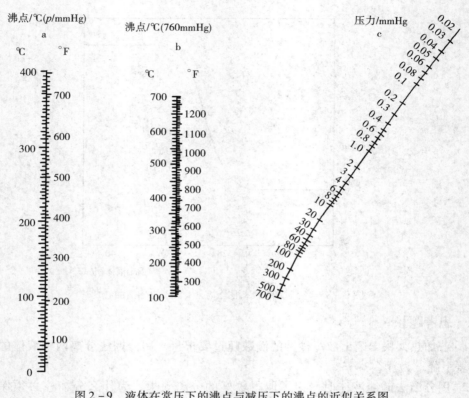

图2-9　液体在常压下的沸点与减压下的沸点的近似关系图

（3）在某压力下的沸点还可以近似地从下列公式求出：

$$\lg P = A + B/T$$

式中，P为蒸气压，T为沸点（绝对温度），A、B为常数。如以$\lg P$为纵坐标，$1/T$为横坐标作图，可以近似地得到一直线。因此可从两组已知的压力和温度算出A和B的数值，再将所选择的压力代入上式，可算出液体的沸点。

（二）减压蒸馏的装置

图2-10为常用的减压蒸馏装置，整个装置包括蒸馏、抽气（减压）以及在它们之间的保护和测压装置3部分组成。

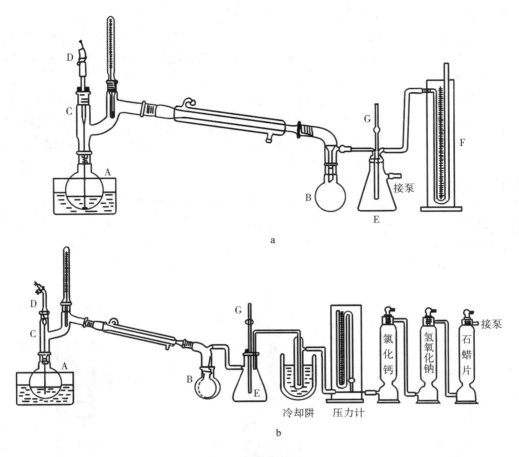

图2-10　减压蒸馏装置图

1. 蒸馏部分　减压蒸馏中所用的蒸馏烧瓶 A 为减压蒸馏瓶（又称克氏蒸馏瓶，在磨口仪器中用克氏蒸馏头配圆底烧瓶代替），有两个瓶颈，其目的是为了避免减压蒸馏时瓶内液体由于沸腾而冲入冷凝管中。带支管的瓶口插入温度计，另一瓶口则插一根毛细管 C，毛细管的下端要伸到离瓶底约1~2mm 处。毛细管上端连有一段带螺旋夹 D 的橡皮管。在减压蒸馏时，螺旋夹用以调节进入空气的量，少量空气进入液体冒出小气泡，成为液体沸腾的气化中心，这样可以防止液体暴沸，使沸腾保持平稳，这对减压蒸馏是非常重要的。

2. 抽气部分　实验室通常用水泵或油泵进行减压。现在实验室常用水循环真空泵进行减压，水循环真空泵还可提供冷凝水，在实验室更为方便实用，水泵所能达到的最低压力为当时室温下的水蒸气压[①]。但水泵常因其结构、水压和水温等因素，不易得到较高的真空度。

油泵可以把压力顺利降低到0.27~0.53kPa（2~4mmHg），可获得较高真空度，但油泵结构较为精密，所以使用油泵时，需要注意防护保养，不能使有机物质、水、酸等的蒸气侵入泵内。易挥发有机物质的蒸气可被泵内的油所吸收，油泵受到污染，会严重地降低油泵的效率，水蒸气凝结在泵里，会使油发生乳化，也会降低油泵效率，而酸性蒸气的吸入会腐蚀油泵。

3. 保护及测压装置部分　用油泵进行减压蒸馏时，在接收器和油泵之间，应顺次装上缓冲用的吸滤瓶、冷却阱、水银压力计、干燥塔和几种吸收塔。其中缓冲瓶的作用是使仪器装置内的压力不发生太剧烈的变化以及防止油泵的倒吸。冷却阱（图2－11）可放在盛有冷却剂的广口保温瓶内，冷却剂的选择随需要而定，如用冰－水、冰－盐、干冰与丙酮等，目的是把减压系统中低沸点有机溶剂充分冷凝下来，以保护油泵。吸收塔内的吸收剂的种类常根据蒸馏液性质而定，一般有无水氯化钙、固体氢氧化钠、活性炭、石蜡片和分子筛等，其目的是吸收酸性气体、水蒸气和有机物蒸气。若用水泵减压，则不需要吸收装置。

减压蒸馏装置内的压力，可用汞压力计来测定。如图2－12为开口式汞压力计，两臂汞柱高度之差，即为大气压力与系统中压力之差，因此蒸馏系统内的实际压力（真空度）应是大气压力减去系统中压力之差。如图2－13封闭式汞压力计，两臂液面高度差即为蒸馏系统中的真空度。

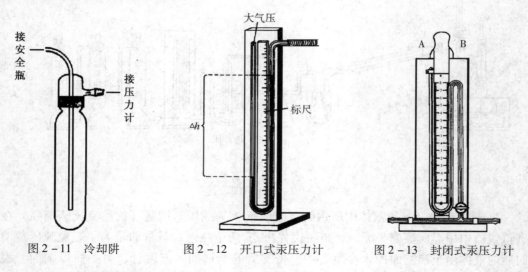

图2－11　冷却阱　　　　　图2－12　开口式汞压力计　　　　图2－13　封闭式汞压力计

（三）减压蒸馏操作

装配减压蒸馏装置按图2－10所示，在开始蒸馏之前，必须先检查装置的气密性以及装置能减压到何种程度。在克氏蒸馏瓶中放入约占其容量1/3～1/2的待蒸馏物质[②]。先用螺旋夹D把套在毛细管C上的橡皮管完全夹紧，打开旋塞G，然后开动真空泵。逐渐关闭旋塞G，从压力计观察仪器装置所能达到的真空度。

经过检查，如果仪器装置完全合乎要求，可以开始蒸馏。从压力计读数计算出真空度，查出或计算出该压力下液体的沸点。开启冷凝水，选用合适的热浴加热蒸馏。加热时烧瓶的球形部分至少应有2/3浸入热浴液体中，但注意不要使瓶底和浴锅底接触。逐渐升温，热浴液体温度一般要比被蒸馏液体的沸点约高20～30℃，使液体保持平稳地沸腾，使馏出液流出的速度为1～2滴/秒。在蒸馏过程中，应注意汞压力计的读数，记录下时间、压力、液体沸点、热浴液体温度和馏出液流出的速度等数据。若开始馏出液的沸点比所需馏分沸点低时，则当达到预期的温度时更换接收器。

蒸馏完毕时，停止加热，撤去热浴液体，慢慢地打开旋塞 G，使仪器装置与大气相通（这一操作需特别小心，一定要缓慢地旋开旋塞，使压力计中汞柱慢慢地回复到原状，如果引入空气太快，汞柱会出现断裂，而在封闭式汞压力计中很快地上升，有冲破 U 型管压力计的可能），然后关闭真空泵。待仪器装置内的压力与大气压力相等后，方可拆卸仪器。

【实验】乙酰乙酸乙酯的减压蒸馏

按减压蒸馏装置图 2－10 安装仪器，仪器安装完毕后，必须检查装置的气密性，符合要求后将 20ml 乙酰乙酸乙酯通过漏斗加入圆底烧瓶中，进行减压蒸馏，具体操作如前所述。

【注释】

①在水温为 6～8℃时，水蒸气压为 0.93～1.07kPa（7～8mmHg），在夏天，若水温为 30℃，则水蒸气压为 4.2kPa（31.5mmHg）。

②待减压蒸馏的液体中若含有低沸点组分，应先进行常压蒸馏尽量地把低沸点组分除去。

【思考题】

1. 什么是减压蒸馏？有什么实际意义？

2. 如何检查减压系统的气密性？

3. 油泵减压和水泵减压时，是否都需要吸收保护装置？为什么？

4. 开始减压蒸馏时，为什么先抽气再加热？而结束时为什么要先移开热源，再停止抽气？

七、水蒸气蒸馏

水蒸气蒸馏是分离提纯液态或固态有机化合物的常用方法之一。可用水蒸气蒸馏提纯的有机化合物须具备下列条件：不溶（或几乎不溶）于水；在100℃左右与水长时间共存不会发生化学变化；在100℃左右必须具有一定的蒸气压（一般不小于 1.33kPa）。

具备下列情况之一的，用水蒸气蒸馏可获得满意的分离效果：沸点高的有机化合物，常压下可与副产物分离，但容易被破坏；混合物中含有大量的树脂状或焦油状物质时，采用蒸馏、萃取等方法难于分离；从较多的固体反应物中分离出被吸附的液体。

（一）基本原理

当与水不相混溶的物质和水一起存在时，根据道尔顿分压定律，混合物的蒸气压力 P，应该为水的蒸气压 P_A 和该物质的蒸气压 P_B 之和，即：

$$P = P_A + P_B$$

P 随温度升高而增大，当温度升高使 P 等于外界大气压时，该混合物开始沸腾。这时的温度为该混合物的沸点，此沸点比混合物中任一组分的沸点都低。因此，在不溶于水的有机物之中，通入水蒸气进行水蒸气蒸馏时，在比该物质沸点低得多且比100℃还要低的温度下就可以使该物质同水一起被蒸馏出来。蒸出的是水和与水不相混溶的物质，很容易分离，从而达到纯化的目的。

在馏出液中，水和有机物的质量之比为：

$$\frac{m_A}{m_B} = \frac{M_A P_A}{M_B P_B}$$

水具有低的相对分子质量和较大的蒸气压，它们的乘积 $M_A P_A$ 是小的，这样就有可能用来分离较高相对分子质量和较低蒸气压的物质。例如，将水蒸气通入苯胺与水混合物中，苯胺的沸点是 184.4℃，苯胺和水的混合物在 98.4℃ 就沸腾。在这个温度下，苯胺的蒸气压是 5.73kPa，水的蒸气压是 94.8kPa，苯胺和水的相对分子质量分别是 93 和 18，馏出液中，苯胺和水的质量之比等于：

$$93 \times 5.73/18 \times 94.8 = 1 : 3.3$$

即蒸出 3.3g 水就能够带出 1g 苯胺，馏出液中苯胺的含量应占 23%，但实际上所得的比例比较低，因为有相当一部分水蒸气来不及与被蒸馏物质充分接触便离开蒸馏烧瓶，而且苯胺微溶于水，所以这个计算仅为近似值。再比如用水蒸气蒸馏的方法来蒸馏溴苯，它的沸点为 135℃，且和水不相混溶，当和水一起加热至 95.5℃ 时开始沸腾，此时水的蒸气压为 86.1kPa，溴苯的蒸气压 15.2kPa，从计算得到，馏出液中水和溴苯的质量之比为 6.5 : 1，溴苯在馏出液中占 61%，馏出液中溴苯的含量比水多。但当某化合物的相对分子质量很大，而其蒸气压过低时，就不能用水蒸气蒸馏来提纯，要求此物质的蒸气压在 100℃ 左右时至少在 1.33kPa 左右，如果蒸气压在 0.13～0.67kPa，则其在馏出液中的含量仅占 1%，甚至更低。为了要使馏出液中的含量增高，就要想办法提高此物质的蒸气压，也就是说要提高温度，使蒸气的温度超过 100℃，要用过热水蒸气来蒸馏，从而提高馏出液中该物质的含量。

（二）实验操作

常用的水蒸气蒸馏装置如图 2-14 所示，包括水蒸气发生器、蒸馏部分、冷凝部分和接收器四部分。A 是水蒸气发生器，侧面玻管 C 是液面计，可以观察发生器内液面的高度，通常盛水量以其容积的 3/4 为宜，如果太满，沸腾时水蒸气会把水冲至烧瓶。安全玻管 B 应插到接近发生器 A 的底部。当容器内的水蒸气压大时，水可沿着玻管上升，以调节容器内压力。如果水从玻管上口

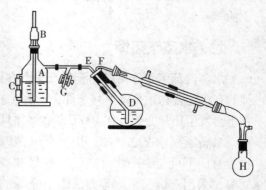

图 2-14 水蒸气蒸馏装置图

喷出，此时应检查整个系统是否有阻塞（通常是圆底烧瓶内的蒸气导管下口被树脂状或焦油状物质堵塞）。

蒸馏部分通常是 500ml 长颈的圆底烧瓶 D，瓶内的液体不宜超过其容积的 1/3。为防止瓶中液体因跳溅而冲入冷凝管内，故将烧瓶的位置向发生器的方向倾斜 45° 角。蒸气导入管 E 的末端应弯曲，使其垂直正对烧瓶中央，并接近瓶底。蒸气导出管 F（弯角约 30°）孔径最好比管 E 大一些，一端插入双孔木塞，露出约 5mm，另一端和冷凝管连接。馏出液通过弯接管进入接收器 H（根据情况，接收器外围可用冷水浴冷却）。

水蒸气发生器与长颈圆底烧瓶之间应装上一个 T 形管。在 T 形管下端连一个弹簧

夹 G，以便及时除去冷凝下来的水滴。应尽量缩短水蒸气发生器与长颈瓶之间的距离，以减少水蒸气的冷凝。

在进行水蒸气蒸馏时，现将欲分离的混合物置于 D 中，加热水蒸气发生器（切莫忘了加水就加热，否则会导致焊锡熔化，损坏水蒸气发生器），至水沸腾时将 G 夹紧，水蒸气即通入 D。为了使水蒸气不致在 D 中因冷凝而积聚过多，必要时可在 D 下置一石棉网，用小火加热。注意调节加热水蒸气发生器的煤气灯，使产生水蒸气不致太快，以免把 D 中混合物冲至冷凝管中，并使蒸气能全部被冷凝管冷凝。如果随水蒸气蒸出的物质具有较高的熔点，在冷凝后易于析出固体时，则应调小冷凝水的流速，使它冷凝后仍然保持液体状态。假如已有固体析出，并且接近阻塞时，可暂时停止冷凝水的流通，甚至需要将冷凝水暂时放去，以使物质融熔后随水流入接收器中。当蒸馏液澄清透明不再含有有机物质的油滴时，一般即可停止蒸馏。

在蒸馏需要中断或蒸馏完毕后，一定要先打开弹簧夹 G 使体系和大气相通，然后方可停止加热，否则 D 中的液体会倒吸到 A 中。在蒸馏过程中，如发现安全管 B 中的水位迅速上升，也应立即打开弹簧夹，然后移去热源，待排除了堵塞后再继续进行水蒸气蒸馏。

少量物质的水蒸气蒸馏，可用克氏蒸馏瓶代替圆底烧瓶，装置如图 2–15 所示。有时也可直接利用反应的三颈瓶来代替圆底烧瓶更为方便，装置如图 2–16 所示。

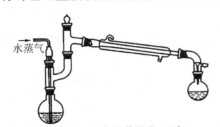

图 2–15 用克氏蒸馏瓶（头）
进行少量物质的水蒸气蒸馏

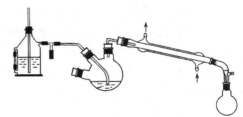

图 2–16 用三颈瓶来代替圆底烧瓶
进行水蒸气蒸馏

在 100℃左右蒸气压较低的化合物可利用过热蒸气来进行蒸馏。例如可在 T 形管和烧瓶之间串联一段铜管（最好是螺旋形的）。铜管下用火焰加热，以提高蒸气的温度。烧瓶再用油浴保温。也可用图 2–17 所示的装置来进行。A 是为了除去蒸气中冷凝下来的液滴，B 处是用几层石棉纸裹住的硬质玻管，下面用鱼尾灯焰加热。C 是温度计套管，内插温度计。烧瓶外用油浴或空气浴维持和蒸气一样的温度。

八、重结晶提纯法

从有机反应或自然界得到的固体产品往往是不纯的，可能夹杂着一些副产物、未反应的原料、溶剂和催化剂等，必须经过提纯才能获得纯净的产品。纯化固体有机化合物常用且有效的方法就是重结晶法。

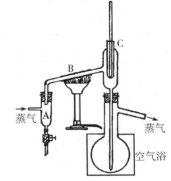

图 2–17 过热水蒸气蒸馏装置

（一）基本原理

固体有机化合物在溶剂中的溶解度，一般是随温度的升高而增加的，所以若将一固体有机物溶解在较热的溶剂中达到饱和，再使其冷却到室温或室温以下，因溶解度降低溶液变成过饱和而有一部分结晶析出。利用溶剂对被提纯物质和杂质的溶解度不同，使被提纯物质从过饱和溶液中结晶析出，而让杂质全部或大部分留在溶液中（或被过滤除去），从而达到提纯目的。

（二）操作步骤

（1）选择合适的溶剂。

（2）在溶剂的沸点温度下溶解被提纯物质，制成近饱和的浓溶液。

（3）若溶液含有色杂质，可加适量活性炭煮沸脱色。

（4）将沸腾溶液趁热过滤，以除去不溶性杂质及活性炭。

（5）充分冷却滤液，析出结晶，可溶性杂质留在母液中。

（6）减压过滤（即抽滤），使结晶与母液分离。

（7）用少量溶剂洗涤结晶，以除去附着的母液。

（8）干燥结晶。

（三）溶剂的选择

选择合适的溶剂是重结晶的关键，理想的溶剂应具备下列条件。

（1）不与被提纯物质发生化学反应。

（2）被提纯物质在溶剂中的溶解度随温度的变化差别要大，即高温时溶解度较大，室温或更低温度时溶解度较小。

（3）对杂质的溶解度非常大或非常小（前者可使杂质留在母液中不随被提纯物析出，后者是使杂质在热过滤时被滤去）。

（4）沸点较低，易挥发，干燥时易与结晶分离除去。

（5）被提纯的物质形成较好的结晶。

（6）无毒或毒性很小，价格便宜，操作安全，易于回收。

对于一些已知的化合物，可从化学文献中查找到有关溶解度的资料，从中选择合适的溶剂。但很多情况下还是通过试验方法进行选择。选择溶剂时要考虑到溶解度的规律，即"相似相溶"原理。

其具体方法是：取 0.1g 待重结晶的样品于一小试管中，逐滴加入某种溶剂并不断振荡，若在溶剂量达 1ml 期间固体全溶，说明此溶剂不适合；若不全溶，则小心加热至沸，如仍不溶，可继续加热并分批加入溶剂（0.5ml/次）至 4ml，若沸腾下固体仍不全溶，说明此溶剂也不适合；反之，如果样品能溶解于 1～4ml 沸腾的溶剂中，则冷却试管至室温或低于室温，观察结晶析出情况，若结晶不能自行析出，可用玻璃棒摩擦液面下的试管壁促使结晶析出，如果还没有结晶析出，表明该溶剂不适合；若结晶能正常析出，且结晶量也较多，说明此溶剂是适合的。用同样方法试验几种溶剂都适合时，通过比较结晶的收率、操作的难易、溶剂的毒性及价格等因素，选择其中最优者。

有些化合物在单一的溶剂中，不是溶解度太大，就是溶解度太小，很难选择一种合适的溶剂，这时可选择合适的混合溶剂。所谓混合溶剂，就是将对该化合物溶解度特别大的和溶解度特别小的而又能相互溶解的两种溶剂按一定比例混合起来，并具有良好溶解性能的溶剂。将适量样品首先溶于其中易溶的沸腾的溶剂中，若有不溶杂质，趁热滤去；若杂质有色，用适量活性炭煮沸脱色后趁热过滤。然后趁热加入另一难溶溶剂，至溶液变浑浊，再加热或逐滴滴入易溶溶剂至溶液刚好澄清透明。最后冷却溶液至室温，使结晶析出，由此也可得到两种溶剂混合比例。若已知两种溶剂混合比例，也可将其先行混合，再进行重结晶。常用的混合溶剂有：乙醇 – 水、乙醚 – 甲醇、乙酸 – 水、乙醚 – 丙酮、丙酮 – 水、乙醚 – 石油醚、吡啶 – 水、苯 – 石油醚。

（四）实验操作

1. 溶解样品 选择水作溶剂时，可在烧杯或锥形瓶中加热溶解样品；而用有机溶剂时，为避免溶剂挥发和燃烧，必须在回流装置中加热溶解样品，加热期间添加溶剂时应从冷凝管上端加入。溶剂的用量应从两方面来考虑：一方面为减少溶解损失，溶剂应尽可能避免过量；另一方面溶剂过量太少又会在热过滤时因温度降低和溶剂挥发造成过多结晶在滤纸上析出而降低收率。因此，要使重结晶得到较纯产品和较高收率，溶剂的用量要适当，一般溶剂过量20%左右为宜（注意：不要因为重结晶物质中含有不溶性杂质而加入不必要的过量溶剂）。根据溶剂的沸点和易燃性来选择适当的热浴方式进行加热。

2. 脱色 溶液中若含有色杂质，可加入适量的活性炭脱色。活性炭用量以能完全除去颜色为宜，一般为粗品量的1%～5%。活性炭太多将会吸附一部分被纯化的物质而造成损失。加入活性炭时，应先移开火源，待溶液稍冷后再加入，并不时搅拌或摇动以防暴沸。活性炭加入后，再继续加热，一般煮沸5～10分钟。如一次脱色不好，可重复操作。活性炭脱色效果与溶液的极性和杂质的多少有关，活性炭在水溶液及极性有机溶剂中脱色效果较好，而在非极性溶剂中脱色效果较差。

3. 热过滤 热过滤通常是用重力过滤（即常压热过滤）的方法除去不溶性杂质和活性炭。如果没有不溶性杂质，溶液又是澄清的，可省去这一步。减压热过滤（即抽滤）虽然速度较快，但因减压下热溶剂易蒸发，而使溶液冷却和浓缩，以致引起结晶过早析出，因此抽滤的方法往往很少使用。

热过滤时为避免溶液在漏斗颈部因遇冷析出晶体而造成颈部堵塞，需选用短颈或无颈的玻璃漏斗，过滤之前将漏斗放在烘箱中或红外灯下预先烘热，待过滤时再将漏斗取出并放在固定于铁架台上的铁圈中，或直接放在盛装滤液的锥形瓶上。漏斗的上面放一折叠好的扇形滤纸，其高度应略高于漏斗，且使滤纸向外突出的棱边紧贴于漏斗壁上。上述工作准备好后，将沸腾着的溶液迅速倒入滤纸中，液面要略低于滤纸上部边缘。若一次倾倒不完，需将未过滤溶液继续用小火加热以防冷却，但不要等溶液全部滤完后再添加。为减少溶剂挥发，可在漏斗上方盖一表面皿。如果是水作溶剂，可将盛滤液的锥形瓶用小火加热，可以避免过滤时因温度下降而在滤纸上析出结晶（图2 – 18a）。但过滤挥发性易燃溶剂的溶液时，则必须关闭附近的火源，不能加热过滤。对于极易结晶析出的物质，或过滤的溶液量较大时，可采用保温漏斗过滤（图2 – 18b）。

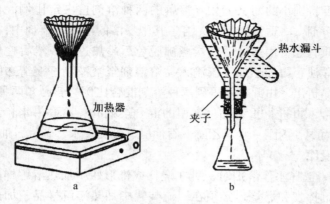

图 2 - 18 热过滤装置

扇形滤纸的折叠方法见图 2 - 19 所示。将圆形滤纸对折，然后将边 2 与边 3 对折得边 4，1 与 3 对折得边 5（图 2 - 19a）。再将 2、5 对折得边 6，1、4 对折得边 7（图 2 - 19b）。同样将 2、4 对折得边 8，1、5 对折得边 9（图 2 - 19c）。这时折得的滤纸外形如图 2 - 19d。继续将滤纸以反方向从一端依次对折 1 和 9、9 和 5……，直至另一端 8 和 2，使滤纸成扇形（图 2 - 19e）。将双层滤纸打开呈图 2 - 19f 状，最后将 1 和 2 处的同向面分别反向对折，即可得到一内外交错的扇形折叠滤纸（图 2 - 19g）。注意：不得用力折叠滤纸中央圆心部位，以避免过滤时容易破裂。折叠时如果手不太干净，过滤前应将折好的滤纸轻轻翻转后再放入漏斗中，以避免人为杂质进入溶液。

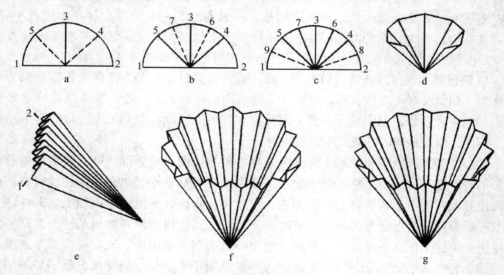

图 2 - 19　扇形滤纸的折叠方法

4. 结晶析出　将热滤液静置，放在室温下慢慢冷却，结晶就会慢慢析出，这样析出的晶体颗粒较大，而且均匀纯净。不要将滤液浸在冷水里快速冷却或振摇溶液，因为这样析出的结晶不仅颗粒较小，而且因表面积大会使晶体表面从溶液中吸附较多的杂质而影响纯度。但析出的结晶颗粒也不能过大（约超过 2mm），因为过大了会在结晶中夹杂溶液，致使结晶干燥困难。如果看到有大体积结晶正在形成，可通过振摇来降低结晶的平均大小。冷却后若结晶不析出，可用玻棒摩擦器壁，或投入晶种，使结晶析出。

5. 结晶的抽滤和洗涤　为将充分冷却的结晶从母液中分离出来，通常采用布氏漏斗进行抽气过滤（图 2-20）。抽滤瓶与抽气装置水循环真空泵间用较耐压的橡皮管连接（最好两者中间连一安全瓶，以免因操作不慎造成水泵中的水倒吸至抽滤瓶中）。布氏漏斗中圆形滤纸的直径要剪得比漏斗的内径略小，抽滤前先用少量溶剂将滤纸润湿，再打开水泵使滤纸吸紧，以防止晶体在抽滤时自滤纸边沿的缝隙处吸入瓶中。将晶体和母液小心倒入布氏漏斗中（也可借助钢铲或玻棒），瓶壁上残留的结晶可用少量滤液冲洗数次一并转移到布氏漏斗中，把母液尽量抽尽，必要时用钢铲挤压晶体，以便抽干晶体吸附的含有杂质的母液。然后拔下连在抽滤瓶支管处的橡皮管，或打开安全瓶上的活塞接通大气，避免水倒吸。

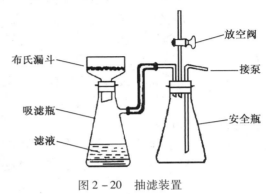

图 2-20　抽滤装置

晶体表面的母液，可用溶剂来洗涤。用滴管取少量溶剂（尽量减少溶解损失）滴加在晶体上，再用钢铲轻轻翻动使全部晶体润湿，然后再次连接真空泵抽干晶体。一般重复洗涤 1~2 次，即可使晶体表面的母液全部去除。滴加溶剂润湿晶体时，要断开连在抽滤瓶上的橡胶管。

6. 结晶的干燥　抽滤洗涤后的结晶，表面上还吸附有少量溶剂，需要通过适当的干燥方法进行干燥除去溶剂。晶体彻底干燥后才能测其熔点，以检验其纯度。

将抽干的晶体借助钢铲转移到干净的培养皿中并散开，若晶体不吸水，可以放置在空气中自然晾干（上面盖一张滤纸或称量纸以免灰尘玷污）；对热稳定的化合物，可以在至少低于该化合物熔点 20℃ 的烘箱中或红外灯下烘干（一定注意控温并不时翻动晶体，防止晶体熔融）；如果制备的是标准样品、分析样品或样品容易吸潮时，可将样品放在真空干燥器中干燥。注意：常压下容易升华的结晶不可加热干燥。

【实验】乙酰苯胺的重结晶

取 2g 粗乙酰苯胺，放于 250ml 烧杯中，加入 70ml 水，用玻璃笔标记液面位置。将烧杯放在石棉网上加热，期间用玻棒不断搅拌至样品溶解。移去火源，稍冷后加入 0.1g 活性炭，稍加搅拌后继续加热微沸 5~10min，随时补充水。

准备好烘热的短颈漏斗和扇形折叠滤纸，将上述沸腾溶液趁热过滤到 150ml 锥形瓶（或烧杯）中。若滤纸上析出晶体较多，可用 5~10ml 沸水冲洗滤纸。滤毕，滤液静止自然冷却至室温，结晶析出，再用冷水冷却以使结晶完全。

结晶完成后，用抽滤装置进行抽滤（用母液转移残余结晶），并用钢铲挤压结晶，使母液尽量除去。之后，断开抽气装置，用少量冷水洗涤晶体，再抽干。重复洗涤过程 1~2 次后，借助钢铲将晶体转移到培养皿中，摊开成薄层，盖上纸后置空气中自然干燥。称重，计算收率，测定其熔点。

纯乙酰苯胺的熔点为114℃，在水中的溶解度（g/100ml）为：0.46（20℃）、0.84（50℃）、3.45（80℃）、5.5（100℃）。

【思考题】

1. 简述重结晶的操作步骤和各步的主要目的。

2. 理想的重结晶溶剂应具备哪些条件？

3. 溶剂加多少比较合适，应如何控制用量？溶剂加多或少有什么后果？

4. 什么情况需要加活性炭？什么时候加入活性炭合适，加入多少？能否在溶液沸腾的时候加入活性炭，为什么？

5. 热过滤后的滤液为什么不宜摇动或用冷水、冰箱等快速冷却？

6. 抽滤完成后能否先关真空泵，后拔掉抽滤瓶上的橡皮管或后打开安全瓶上的放空阀活塞，为什么？

7. 抽滤时，能否用溶剂转移瓶壁上的残留结晶，为什么？应该用什么转移？

8. 用什么洗涤晶体（母液、热溶剂还是冷溶剂）？洗涤时应注意哪些问题？若省略洗涤一步，会有什么后果？

9. 用有机溶剂重结晶时，哪一步操作不慎就容易着火？应该如何防范？

九、萃取

萃取是分离和提纯有机化合物常用的操作之一。应用萃取可以从固体或液体混合物中提取出所需要的物质，也可以用来除去混合物中少量的杂质。

（一）基本原理

萃取是根据物质在不互溶的两种溶剂中溶解度或分配比的不同来达到分离或提纯目的的一种操作。例如：某溶液是由有机物X溶解于溶剂A而成，要从中萃取出X，我们可以选择一种对X溶解度极好，而且与溶剂A不起化学反应和不相混溶的溶剂B，把溶液转移到分液漏斗中，加入溶剂B，并充分振荡，静置后，由于溶剂A与溶剂B不相互溶，分为两层。这时X在A、B两液相间的浓度比，在一定温度下为一常数，称为"分配系数"，这种关系叫做分配定律。可用公式表示：

$$\frac{\text{X 在溶剂 A 中的浓度}}{\text{X 在溶剂 B 中浓度}} = K（分配系数）$$

当用一定量的溶剂萃取时，是一次萃取好，还是多次萃取好呢？可以利用下列推导来说明。V_1为被萃取溶液的体积；W_0为被萃取溶液中溶解的X的总量；V_B为每次用B溶剂的体积；W_1为萃取一次后X在A中剩余量。

此时，X在A中的浓度和在B中的浓度就分别为$\frac{W_1}{V_1}$和$\frac{W_0 - W_1}{V_B}$，两者之比等于K，即，$K = \frac{W_1/V_1}{(W_0 - W_1)/V_B}$或 $W_1 = W_0\frac{KV_1}{KV_1 + V_B}$，令$W_2$为第二次萃取后$X$在$A$中的剩余量，则有：

$$K = \frac{W_2/V_1}{(W_1 - W_2)/V_B} \text{ 或 } W_2 = W_1\frac{KV_1}{KV_1 + V_B} = W_0\left(\frac{KV_1}{KV_1 + V_B}\right)^2$$

显然，萃取几次后，W_n 的剩余量应为：$W_n = W_0 \left(\dfrac{KV_1}{KV_1 + V_B} \right)^n$。

当用一定量的溶剂萃取时，由于上式中 $\dfrac{KV_1}{(KV_1 + V_B)}$ 恒小于 1，所以 n 越大，W_n 就越小，也就是说，把溶剂分成几份做多次萃取比用全部溶剂进行一次萃取要好。

例如：100ml 水中含有 4g 正丁酸的溶液，在 15℃ 时，若用 100ml 苯进行萃取，已知正丁酸在水中与苯中的分配系数 $K = 1/3$，若用 100ml 苯一次萃取，则萃取后正丁酸在水中的剩余量为：

$$W_1 = 4\text{g} \times \frac{\dfrac{1}{3} \times 100\text{ml}}{\dfrac{1}{3} \times 100\text{ml} + 100\text{ml}} = 1.0\text{g}$$

萃取效率为 75% 。

若将 100ml 苯分成 3 次萃取，每次用 33.3ml，则剩余量为：

$$W_3 = 4\text{g} \times \left(\frac{\dfrac{1}{3} \times 100\text{ml}}{\dfrac{1}{3} \times 100\text{ml} + 33.3\text{ml}} \right)^3 = 0.5\text{g}$$

萃取收率为 87.5% 。所以用同样体积的溶剂分多次萃取比一次萃取的收率高。

（二）实验操作

1. 溶液中物质的萃取　在实验中应用最多的是水溶液中物质的萃取。实验室中常用分液漏斗来完成此操作。分液漏斗的大小应选比欲萃取液体体积大一倍以上。先把活塞擦净，在离活塞孔稍远的地方均匀地涂一层润滑脂，注意不要堵住活塞孔。塞好之后旋转几圈，使润滑脂分布均匀。一般应先加水检查是否渗漏，确认不漏水后方可使用。

将漏斗放在铁圈中，关好活塞，分别将要萃取的溶液和萃取剂自上口倒入漏斗中，塞紧上口的塞子（不要涂润滑脂）。注意将塞子上的缝隙和漏斗颈上的孔错开。用右手手掌顶住漏斗塞子，再用大拇指、食指和中指握住漏斗，左手握住漏斗活塞处，大拇指压紧活塞，上下振摇分液漏斗，每振摇几次后，将漏斗的上口向下倾斜，下部支管指向斜上方（朝无人处），用拇指和食指打开活塞，释放出因振摇产生的气体，以平衡内外压力（图 2－21）。重复操作 2～3 次后，再剧烈振摇 2～3min，使两不相溶的液体充分接触，提高萃取的收率。然后再将漏斗放回铁圈中静置，将上口的孔与塞子的缝隙相对，使内外压力一致。待两层液体完全分开后，缓缓打开活塞，将下层液体从活塞处放出，若两相间有一些絮状物也一起放出，然后将上层液体从分液漏斗的上口倒出（不可从活塞处放出，以免被支管中残留的下层液体所沾污）。将水层重新倒回分液漏斗中，再用新的萃取剂萃取。萃取的次数取决于分配系数，一般 3～5 次即可。将所有的萃取液合并，若需要，加入干燥剂干燥。然后蒸出溶剂，萃取得到的产物视其性质，利用蒸馏或重结晶等方法进一步纯化。

萃取时，为减少有机物在水中的溶解度或增加水的相对密度及降低乳化程度，可利用"盐析"方法。

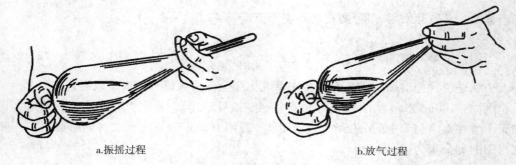

a.振摇过程   b.放气过程

图 2 – 21 分液漏斗的振摇

2. 固体物的萃取 固体物质的萃取，实验室中常用索氏（Soxhlet）提取器（图 2 – 22）。索氏提取器是利用溶剂回流及虹吸原理，使固体物质连续不断地被纯的溶剂所萃取，因此萃取的收率较高。

萃取前先将固体物质研细，然后将固体物质放在滤纸套内置于提取器中，提取器下端连接盛有溶剂的烧瓶，上端连接冷凝管。当溶剂沸腾时，蒸气通过玻璃支管上升，被冷凝管冷凝成液体，滴入提取器中，当溶液液面超过虹吸管的最高处时，即发生虹吸流回烧瓶，从而萃取出溶于溶剂的部分物质。经过反复的长时间的回流和虹吸作用，使固体的可溶物质富集到烧瓶中。然后蒸出溶剂，得到的萃取物再利用其他方法进行纯化。

图 2 – 22 索氏提取器

十、折光率的测定

（一）基本原理

由于光在不同介质中的传播速度是不相同的，所以光线从一个介质进入另一个介质时，若光的传播方向与两个介质的界面不垂直，则在界面处的传播方向会发生改变。我们把这种现象称光的折射现象。

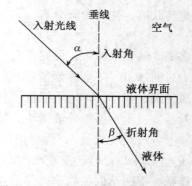

图 2 – 23 光从空气通过液体时的折射

光线在空气中的速度（$v_空$）与它在液体中的速度（$v_液$）之比定义为该液体中折光率（n）即：$n = \dfrac{v_空}{v_液}$。

根据折射定律，波长一定的单色光线，在确定的外界条件下，从一个介质 A 进入另一个介质 B 时，入射角 α 和折射角 β 的正弦之比和这两个介质的折光率 N（介质 A 的）与 n（介质 B 的）成反比，即 $\dfrac{\sin\alpha}{\sin\beta} = \dfrac{n}{N}$，若介质 A 为真空，则 $N = 1$，于是就有

$$n = \frac{\sin\alpha}{\sin\beta}。$$

由此可见,一个介质的折光率,就是光线从真空进入这个介质时的入射角的正弦与折射角的正弦之比,这种折光率称为该介质的绝对折光率。通常测定的折光率都是以空气作为标准的。

折光率是有机化合物最重要的物理常数之一,它能精确而方便地测定出来。作为液体物质纯度的标志,它比沸点更为可靠。利用折光率,可鉴定未知化合物,也可以确定液体混合物的组成。如蒸馏和分馏时,结合沸点,作为划分馏分的依据。

化合物的折光率不但与它的结构和光线波长有关,而且也受温度、压力因素的影响。所以折光率的表示须注明所用的光线和测定时的温度,常用 n_D^t 表示。D 是以钠灯的光线(589.3nm)作光源,t 是测定时的温度。通常温度增高 1℃时,液体有机化合物的折光率就减小 $3.5 \times 10^{-4} \sim 5.5 \times 10^{-4}$。由于通常大气压的变化,对折光率的影响不显著,所以只有在很精密的工作中,才考虑压力的影响。

测定化合物的折光率的仪器常使用阿贝(Abbe)折光仪。

(二)阿贝折光仪

1. 构成原理 当光由介质 A 进入介质 B,如果介质 A 对于介质 B 是疏物质,即 $n_A < n_B$ 时,则折射角 β 必小于入射角 α,当 $\alpha = 90°$ 时,$\sin\alpha = 1$,这时折射角达到最大值,称为临界角,用 β_0 表示。

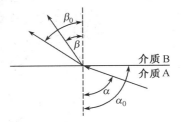

很明显,在一定波长与温度下,β_0 也是一个常数,它

与折光率的关系是 $n = \dfrac{1}{\sin\beta_0}$,由此可通过测定临界角 β_0,

图 2 – 24　光的折射现象

得到所测液体化合物的折光率,这就是阿贝折光仪的基本光学原理。

2. 结构 阿贝折光仪的主要组成部分是两块直角的棱镜,上面一块是光滑的,下面的表面是磨砂的,可以开启(图 2 – 25)。

阿贝折光仪左面有一个镜筒和刻度盘,刻度盘上刻有 1.3000 ~ 1.7000 的格子,镜筒内指针连接放大镜,用于观测液体化合物的折光率,刻度盘上的读数就是通过测定临界角换算后的该物质的折光率;右面是测量望远镜,是用来观察折光情况的,筒内装有消色散镜。光线由反射镜反射入下面的棱镜,以不同入射角射入两个棱镜之间的液层,然后再射到上面的棱镜的光滑的表面上,由于它的折射率很高,一部分光线可以再经过折射进入空气而达到测量望远镜,另一部分光线则发生全反射,调节螺旋以使测量望远镜中的视野如图 2 – 26 所示,使明暗两区域的界线恰好落在"十"字交叉点上,记下读数,由于阿贝折光仪有消色散装置,直接使用日光测得的数据与钠光线所测的一致,所以此读数可计为该物质的折光率。

3. 阿贝折光仪的使用

(1)校正。阿贝折光仪经校正后才能使用,校正方法是:取出仪器,置于清洁干净的台面上,先与恒温槽相连结,安装好温度计,待恒温后,开启下面棱镜,用丝巾或擦镜纸沾少量乙醇或丙酮轻轻擦洗上下镜面,待乙醇或丙酮挥发后进行校正。加1 ~

2滴蒸馏水于镜面上，关紧棱镜，调节反光镜使镜内视场明亮，转动棱镜直到镜内观察到有界线或出现彩色带；若出现彩色光带，则转动色散调节器，使明暗界面清晰，再转动左面刻度盘使界线恰巧通过"十"字交叉点。记录读数与温度，重复两次测出蒸馏水的平均折光率，然后与纯水的标准值（n_D^{20}：1.33299）比较，求得折光仪的校正值，校正值一般很小，若校正值太大时，整个仪器必须重新校正。

（2）测定。校正后，用滴管把待测液体2~3滴均匀地滴在磨砂面棱镜上，要求液体无气泡并充满视场，关紧棱镜。转动反射镜，使视场最亮。轻轻转动消色调节器，至看到一个明晰分界线。转动刻度盘，使分界线对准"十"字交叉点上，读出折光率，重复操作3次。

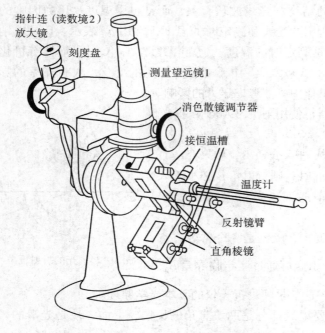

指针连（读数境2）
放大镜
刻度盘
测量望远镜1
消色散镜调节器
接恒温槽
温度计
反射镜臂
直角棱镜

图2-25　阿贝折光仪的结构

图2-26　阿贝折光仪在临界
角时目镜视野图

4. 阿贝折光仪的维护

（1）阿贝折光仪在使用前后，棱镜均需用丙酮或乙醇洗净干燥，硬物不得接触镜面，擦洗镜面用丝巾或擦镜纸，不能用力擦，以免擦花磨砂镜面，操作过程中严禁油手或汗手触及光学零件。

（2）使用完毕后，要放尽金属套中的恒温水，拆下温度计并放回纸套筒中。对棱镜玻璃、保温套金属及其间的胶合剂有腐蚀或溶解作用的液体，均应避免使用。

（3）折光仪不能放在阳光直射或靠近热源的地方，以免样品迅速蒸发。仪器应避免强烈振动或撞击，以防损伤及影响精度。

（4）不用时应放在箱内或用黑布罩住，置于干燥处。

十一、旋光度的测定

自然界中很多物质具有使平面偏振光的振动面发生旋转的性质，称为旋光性或光学活性，该物质称为旋光性物质或光学活性物质。平面偏振光通过旋光性物质后，振动面改变的角度称为旋光度，用"α"表示。从面对光线入射的方向观察，振动面按顺时针方向旋转的，称为右旋，用符号"d"或"+"表示，按逆时针方向旋转的称为左旋，用"l"或"−"表示。

（一）实验原理

从有机立体化学的学习中我们得知，如果一种化合物的分子能与其镜像重合，则这种分子具有对称性；而一种化合物的分子不能与其镜像重合，称这种分子为手性分子。

手性分子能使平面偏振光发生旋转，具有旋光性。平面偏振光可看作是由两个周期和振幅相同而旋转方向相反的圆偏振光叠加组成。当平面偏振光通过一个具有对称性的物质时，两种圆偏振光以同一速度前进，结果振动面不变。若平面偏振光通过一个具有手性的物质时，两种圆偏振光就会以不同速度前进，结果引起振动面向左或右旋转 α 角度，而产生旋光性。手性分子在自然界中广泛存在，在生物体内会产生特殊的生理作用。

定量测定溶液或液体旋光程度的仪器称为旋光仪，其工作原理见图 2−27。常用的旋光仪主要由光源、起偏镜、样品管和检偏镜几部分组成。光源为钠光灯；起偏镜是一个固定不动的尼可尔棱镜，它像栅栏一样使光源发出的光只有振动面和棱镜镜轴平行的才能通过，变成只在一个平面振动的平面偏振光；样品管装待测的液体或溶液；检偏镜是一个能转动的尼可尔棱镜，用来测定物质偏振光振动面的旋转角度和方向，读出数值。

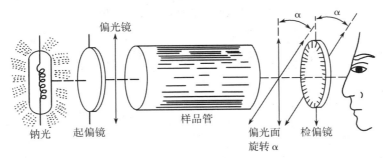

图 2−27 旋光仪的组成

旋光度的测定对于研究具有光学活性的分子的构型及确定某些反应机理具有重要的作用，还可用来鉴定旋光性化合物的光学纯度。测定旋光度时所用溶液的浓度、样品管的长度、温度、光源的波长及溶剂的改变都会引起旋光度的变化。因此常用比旋光度 [α] 来表示物质的旋光性。当光源、温度和溶剂固定时，旋光度是一个只与分子结构有关的表征旋光性物质的特征常数。

如果测定的旋光性物质为溶液，则：

$$[\alpha]_\lambda^t = \frac{\alpha}{cl}$$

如果测定的旋光性物质为纯液体，则：

$$[\alpha]_{\lambda}^{t} = \frac{\alpha}{l\rho}$$

式中，$[\alpha]_{\lambda}^{t}$ 表示旋光物质在 t℃、光源波长为 λ 时的比旋光度。

λ 为所用光源的波长，通常是钠光源，以 D 表示；

t 为测定时的温度；

l 为样品管的长度，单位以分米（dm）表示；

c 为溶液浓度，以 1ml 溶液中所含溶质的克数表示；

ρ 为液体密度。

（二）测定方法

不同仪器操作不尽相同，基本步骤如下。

（1）接通电源，待 5～15min 后，钠光灯发光稳定即可开始测定。

（2）校正仪器零点，在样品管中放入蒸馏水或配制待测样品所用的溶剂，作为空白对照校正仪器零点。

（3）测定，选择长度适宜的样品管，一般旋光度数小或溶液浓度稀时用较长的样品管。待测液不够澄明时需过滤。将待测液充满样品管后，旋上螺帽至不漏水，但不可过紧，否则护片玻璃会引起应力影响读数。读取数值，重复测定几次取平均值作为测定结果。

（4）计算比旋光度，测得旋光度后，计算出比旋光度。因同一旋光物质溶于不同溶剂测得的旋光度可能完全不同，因此必须注明所使用的溶剂。

（5）计算光学纯度，在进行不对称合成和拆分具有光学活性的化合物时，得到的常常不是百分之百的纯对映体，而是有少量镜像异构体的混合物，这时必须用光学纯度或对映体过量百分率（e.e）来表示混合物中一种对映体过量所占的百分率。旋光性产物的比旋光度除以光学纯试样在相同条件下的比旋光度即为光学纯度。外消旋体光学纯度为零，纯对映体的光学纯度为 100%。

$$光学纯度 = \frac{所测样品的[\alpha]_D}{光学纯物质的[\alpha]_D} \times 100\%$$

对映体过量 e.e 则用下式表示：

$$e.e\% = (S-R) / (S+R) \times 100\%$$

式中，S 是主要异构体，R 是其镜像异构体，在一般情况下旋光度与对映体组成成正比，因此光学纯度与对映体过量所占的百分率两者相等。这样就可根据所得的光学纯度计算试样中两个对映体的相对百分含量，假如旋光异构体中（−）对映体的光学纯度为 X% 则：

（−）对映体的百分含量 = $[X + (100-X) / 2]$%

（+）对映体的百分含量 = $[(100-X) / 2]$%

十二、干燥与干燥剂的使用

干燥是常用的除去固体、液体或气体中少量水分或少量有机溶剂的方法。例如很多有机反应需要在绝对无水条件下进行，所用的原料及溶剂均应该是干燥的；某些化合物含有水分在加热时会发生变质，故在蒸馏或重结晶时也必须进行干燥；有机化合物在进行定性或定量分析、波谱分析之前均需经干燥才会有准确结果；某些有机化合物会与少量水形成共沸混合物或与水反应而影响产品纯度。因此，干燥是最常用而且十分重要的基本操作之一。

（一）基本原理

有机化合物的干燥方法可分为物理方法和化学方法两种。物理方法有：烘干、晾干、吸附、冷冻、分馏、共沸蒸馏等。近些年来，还常用离子交换树脂和分子筛等方法来进行干燥。

化学方法是利用干燥剂脱水，根据脱水作用可分为两类。

（1）能与水可逆性结合，形成水合物，例如：

$$CaCl_2 + 6H_2O \rightleftharpoons CaCl_2 \cdot 6H_2O$$

（2）与水发生不可逆的化学反应，生成新的化合物，例如：

$$2Na + 2H_2O \longrightarrow 2NaOH + H_2 \uparrow$$

（二）液体有机化合物的干燥

1. 干燥剂的选择 液体有机化合物的干燥，通常是用干燥剂直接与其接触，因此干燥剂与被干燥的液体有机化合物不发生化学反应，包括溶解、配位、缔合和催化等作用，例如酸性物质不能使用碱性干燥剂，而碱性物质则不能使用酸性干燥剂。

当选用与水结合生成水合物的干燥剂时，必须考虑干燥剂的吸水容量和干燥效能。吸水容量是指单位质量干燥剂所吸收的水量，干燥效能指达到平衡时液体被干燥的程度，例如，无水硫酸钠可形成 $Na_2SO_4 \cdot 10H_2O$，即 1g Na_2SO_4 最多能吸 1.27g 水，其吸收水容量为 1.27，但其水化物的水蒸气压也较大（25℃时为 255.98Pa），故干燥效能差。氯化钙能形成 $CaCl_2 \cdot 6H_2O$，其吸水容量为 0.97，此水化物在 25℃ 水蒸气压为 39.99Pa，故无水氯化钙的吸水容量虽然较小，但干燥效能强，所以干燥操作时应根据除去水分的要求而选择合适的干燥剂。通常这类干燥剂形成水合物需要一定的平衡时间，所以，加入干燥剂后必须放置一段时间才能达到脱水的效果。

已吸水的干燥剂受热后又会脱水，其蒸气压随着温度的升高而增加，所以，对已干燥的液体在蒸馏之前必须把干燥剂滤去。

2. 干燥剂的用量 掌握好干燥剂的用量十分重要。若用量不足，则不可能达到干燥的目的；若用量太多，则由于干燥剂的吸附而造成液体的损失。以乙醚为例，水在乙醚中的溶解度在室温时为 1% ~ 1.5%，若用无水氯化钙来干燥 100ml 含水的乙醚时，全部转变成 $CaCl_2 \cdot 6H_2O$，其吸水容量为 0.97，也就是说 1g 无水氯化钙大约可以吸收 0.97g 水，这样，无水氯化钙的理论用量至少要 1g，而实际上远远超过 1g，这是因为醚层中还有悬浮的微细水滴，其次形成高水化物的时间需要很长，往往不可能达到应有的吸水容量，故实际投入的无水氯化钙的量是大大过量的，常需用 7 ~ 10g 无水氯化钙。操作时，一般投入少量干燥剂到液体中，进行振摇，如出现干燥剂附着器壁或相互粘结时，则说明干燥剂用量不够，应再添加干燥剂；如投入干燥剂后出现水相，必须用吸管把水吸干，然后再添加新的干燥剂。

干燥前，液体呈浑浊状，经干燥后变成澄清，这可简单地作为水分基本除去的标志。一般干燥剂的用量为每 10ml 液体约需 0.5～1g。由于含水量不等、干燥剂质量的差异、干燥剂的颗粒大小和干燥时的温度不同等因素，较难规定具体数量，上述数量仅供参考。

3. 常用的干燥剂 常用的干燥剂如表 2−1 所示。

表 2−1 常用干燥剂的性能与应用范围

干燥剂	吸水作用	吸水容量	干燥效能	干燥速度	应用范围
氯化钙	形成 $CaCl_2 \cdot nH_2O$ $n=1,2,4,6$	0.97 按 $CaCl_2 \cdot 6H_2O$ 计	中等	较快，但吸水后表面为薄层液体所盖，故放置时间要长些为宜	能与醇、酚、胺、酰胺及某些醛、酮形成络合物，因而不能用来干燥这些化合物。工业品中可能含氢氧化钙和碱或氧化钙，故不能用来干燥酸类
硫酸镁	形成 $MgSO_4 \cdot nH_2O$ $n=1,2,4,5,6,7$	1.05 按 $MgSO_4 \cdot 7H_2O$ 计	较弱	较快	中性，应用范围广，可代替 $CaCl_2$，并可用于酯、酮、腈、酰胺等不能用 $CaCl_2$ 干燥的化合物
硫酸钠	$Na_2SO_4 \cdot 10H_2O$	1.25	弱	缓慢	中性，一般用于有机液体的初步干燥
硫酸钙	$2CaSO_4 \cdot H_2O$	0.06	强	快	中性，常与硫酸镁（钠）配合，作最后干燥用
碳酸钾	$K_2CO_3 \cdot 1/2H_2O$	0.2	较弱	慢	弱碱性，用于干燥醇、酮、酯、胺及杂环等碱性化合物，不适于酸、酚及其他酸性化合物
氢氧化钾（钠）	溶于水	—	中等	快	强碱性，用于干燥胺、杂环等碱性化合物，不能用于干燥醇、酯、醛、酮、酸、酚等
金属钠	$Na + H_2O \rightarrow NaOH + 1/2H_2$	—	强	快	限于干燥醚、烃类中痕量水分。用于切成小块或压成钠丝
氧化钙	$CaO + H_2O \rightarrow Ca(OH)_2$	—	强	较快	适于干燥低级醇类
五氧化二磷	$P_2O_5 + 3H_2O \rightarrow 2H_3PO_4$	—	强	快，但吸水后表面为黏浆液覆盖，操作不便	适于干燥醚、烃、卤代烃、腈等中的痕量水分。不适用于醇、酸、胺、酮等
分子筛	物理吸附	约 0.25	强	快	适用于各类有机化合物的干燥

（三）固体有机化合物的干燥

由重结晶得到的固体常带水分或有机溶剂，应根据化合物的性质选择适当的方法进行干燥。

1. 晾干 这是最简便的干燥方法。把要干燥的固体先放在瓷孔漏斗中的滤纸上，或在滤纸上面压干，然后在一张滤纸上面薄薄地摊开，用另一张滤纸覆盖起来，让它在空气中慢慢地晾干。

2. 加热干燥 对于热稳定的固体化合物可以放在烘箱内或红外灯下干燥，加热的温度切忌超过该固体的熔点，以免固体变色或分解，如需要则在真空恒温干燥箱中干燥。

3. 干燥器干燥 对于易吸湿或较高温度下干燥时会发生分解或变色的固体化合物可用干燥器干燥，干燥器有普通干燥器、真空干燥器和真空恒温干燥器。

（四）气体的干燥

在有机化学实验中常用气体有 N_2、O_2、H_2、Cl_2、NH_3、CO_2 等。有时要求气体中含有很少或几乎不含 CO_2、H_2O 等，此时需要对上述气体进行干燥。干燥气体常用干燥管、干燥塔、洗气瓶等，干燥气体常用的干燥剂见表 2-2。

表 2-2 用于气体干燥的常用干燥剂

干燥剂	可被干燥的气体
碱石灰、CaO、NaOH、KOH	NH_3 类
无水氯化钙	H_2、HCl、N_2、O_2、CO_2、SO_2、低级烷烃、醚、烯烃、卤代烃
P_2O_5	H_2、N_2、O_2、CO_2、SO_2、低级烷烃、烯烃
浓硫酸	H_2、HCl、N_2、O_2、CO_2、SO_2

十三、色谱法

色谱法是分离、提纯和鉴定有机化合物的重要方法之一，具有极其广泛的用途。

色谱法是一种物理的分离方法，基本原理是利用混合物中各组分在某一物质中的吸附或溶解性能（即分配）的不同，或其他亲和作用性能的差异，使混合物的溶液流经该种物质，进行反复的吸附或分配等作用，从而将各组分分开。色谱法能否获得满意的分离效果其关键在于条件的选择。

色谱法有两种不同的相：一种是固定相，即固定的物质（可以是固体或液体）；另一种是流动相，即流动的混合物溶液或气体。根据组分在固定相中的作用原理不同，可分为吸附色谱、分配色谱、离子交换色谱、排阻色谱等；根据操作条件的不同，又可分为柱色谱、纸色谱、薄层色谱、气相色谱及高效液相色谱等类型。现分别介绍如下。

（一）薄层色谱

薄层色谱（thin layer chromatography），常用 TLC 表示，是快速分离和定性分析少量物质的一种很重要的实验技术，也用于跟踪反应进程。最典型的是在玻璃板上均匀的铺上一层吸附剂，制成薄层板，用毛细管将样品溶液点在起点处，把此薄层板置于盛有溶剂的容器中，待溶液到达前沿后取出，晾干，显色，测定色斑的位置。记录原点至主斑点中心及展开剂前沿的距离，计算比移值（R_f）：

$$R_f = \frac{溶质的最高浓度点中心至原点中心的距离}{溶剂前沿至原点中心的距离}$$

由于层析是在薄板上进行的，故称为薄层色谱（层析）。

1. 薄层色谱用的吸附剂　薄层吸附色谱的吸附剂最常用的是氧化铝和硅胶。

（1）硅胶　硅胶是无定形多孔性物质，略具酸性，适用于酸性物质的分离和分析。常用于薄层色谱的硅胶分为：

硅胶 H——不含黏合剂和其他添加剂；

硅胶 G——含煅石膏黏合剂；

硅胶 HF_{254}——含荧光物质，可于波长 254nm 紫外光下观察荧光；

硅胶 GF_{254}——既含煅石膏又含荧光剂。

（2）氧化铝　与硅胶相似，氧化铝也因含黏合剂或荧光剂而分为氧化铝 G、氧化铝 GF_{254} 及氧化铝 HF_{254}。

2. 薄层板的制备　薄层板制备得好坏直接影响色谱的结果。薄层应尽量均匀而且厚度（0.25～1mm）要固定。否则，在展开时溶剂前沿不齐，色谱结果也不易重复。

薄层板分为干板和湿板。湿板的制法有以下两种。

（1）平铺法　用商品或自制的薄层涂布器进行制板，它适合于科研工作中数量较大要求较高的需要。如无涂布器，可将调好的吸附剂平铺在玻璃板上，也可得到厚度均匀的薄层板。

（2）浸渍法　把两块干净玻璃片背靠背贴紧，浸入调制好的吸附剂中，取出后分开、晾干。

适合于教学实验的是一种简易平铺法。取硅胶 3g、0.5%～1% 的羧甲基纤维素钠的水溶液 6～7ml 在烧杯中调成糊状物，铺在清洁干燥的载玻片上，用手轻轻摇振玻璃板，使表面均匀平滑，室温晾干后进行活化。3g 硅胶大约可铺 7.5cm×2.5cm 载玻片 5～6 块。

3. 薄层板的活化　将晾干的薄层板置于烘箱中加热活化，活化时需慢慢升温。硅胶维持 105～110℃ 活化 30min 可得Ⅳ～Ⅴ级活性的薄层板。氧化铝板在 200℃ 烘 4h 可得活性Ⅱ级的薄层，150～160℃ 烘 4h 可得活性Ⅲ～Ⅳ级的薄层板。

吸附剂的活性分为Ⅰ～Ⅴ五级，Ⅰ级的吸附作用太强，分离速度太慢，Ⅴ级的吸附作用太弱，分离效果不好。所以一般采用Ⅱ、Ⅲ级。大多数吸附剂都能强烈吸水，而且水分易被其他化合物置换，因此使吸附剂的活性降低，在使用时通常用加热方法使吸附剂活化。吸附剂的活性与含水量有密切的关系，见表 2-3。

表 2-3　吸附剂的活性和含水量的关系

活性等级	Ⅰ	Ⅱ	Ⅲ	Ⅳ	Ⅴ
氧化铝加水量（%）	0	3	6	10	15
硅胶加水量（%）	0	5	15	25	38

4. 点样　点样前，先用铅笔在薄层板上距一端 1cm 处轻轻划一横线作为起始线。通常将样品溶于由低沸点溶剂（丙酮、甲醇、乙醇、三氯甲烷、苯、乙醚和四氯化碳）

配成1%的溶液，然后用内径小于1mm管口平整的毛细管吸取样品，小心地点在起始线上。若在同一板上点几个样，样点间距应为1～1.5cm，斑点直径一般不超过2mm。样品浓度太稀时，可待前一次溶剂挥发后，在原点上重复一次。点样浓度太稀会使显色不清楚，影响观察；但浓度过大则会造成斑点过大或拖尾等现象，影响分离效果。点样结束待样点干燥后，方可进行展开；点样要轻，不可刺破薄层。

5. 展开 薄层色谱的展开，是在充满展开剂的密闭容器中进行的。薄层色谱用的展开剂绝大多数是有机溶剂，溶剂的极性越大，对化合物的洗脱力越大，也就是说 R_f 值也越大（如果样品在溶剂中有一定溶解度）。

常用溶剂的极性按如下次序递增：己烷和石油醚＜环己烷＜四氯化碳＜甲苯＜苯＜乙醚＜二氯甲烷＜四氢呋喃＜乙酸乙酯＜三氯甲烷＜丙酮＜丙醇＜乙醇＜甲醇＜水＜吡啶＜乙酸。

常用的展开方式有上升法、倾斜法（图2－28）和下降法（图2－29）等几种。上升法适用于含黏合剂的薄层板，是将薄层板垂直于盛有展开剂的容器中。倾斜上行法是将薄层板倾斜15°放置，适用于无黏合剂的软板。含有黏合剂的色谱板可以倾斜45°～60°放置。下降法是将展开剂放在圆底烧瓶中，用滤纸或纱布等将展开剂吸到薄层板的上端，使展开剂沿板下行，这种连续展开的方法适用于 R_f 值小的化合物。

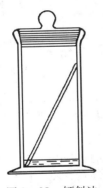
图2－28 倾斜法

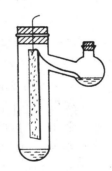
图2－29 下降法

6. 显色 样品展开后，如本身有颜色，可直接看到斑点的位置。但是，大多数有机化合物是无色的，必须经过显色才能观察到斑点的位置，常用的显色方法有如下几种。

（1）显色剂法 常用的显色剂有碘和三氯化铁水溶液等。由于碘能与许多有机化合物形成棕色或黄色的络合物，所以，可在一密闭容器（一般用展开缸即可）中放入几粒碘，将展开并干燥的薄层板放入其中，稍稍加热，让碘升华，当样品与碘蒸气反应后，取出薄层板，立即标记出斑点的形状和位置（因为薄层板放在空气中，由于碘挥发棕色斑点会很快消失），并计算 R_f 值。还可使用腐蚀性显色剂如浓硫酸等。

（2）外光显色法 用硅胶 GF_{254} 制成的薄层板，由于加入了荧光剂，在254nm波长的紫外灯下，可观察到暗色斑点，此斑点就是样品点。

（二）柱色谱

柱色谱（柱上层析）常用的有吸附柱色谱和分配柱色谱两类。前者常用氧化铝和硅胶作固定相。后者则以附着在硅胶、硅藻土和纤维素等惰性固体上的活性液体作为固定相（也称固定液）。

柱色谱的装置图如图 2 - 30 所示。吸附柱色谱通常在玻璃管中填入表面积很大、经过活化的多孔性或粉状固体吸附剂。当待分离的混合物溶液流过吸附柱时，各种成分同时被吸附在柱的上端。当洗脱剂流下时，由于不同化合物吸附能力不同，便以不同的速度下移，于是形成了不同层次，即溶质在柱中自上而下按对吸附剂亲和力大小分别形成若干色带，再用溶剂洗脱时，已经分开的溶质可以从柱上分别洗出收集；或者将柱吸干，挤出后按色带分割开，再用溶剂将各色带中的溶质萃取出来。对于柱上不显色的化合物分离时，可用紫外光照射后所呈现的荧光来检查，或在用溶剂洗脱时，分别收集洗脱液，逐个加以检定。

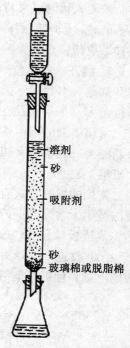

图 2 - 30　柱色谱的装置

1. 吸附剂　常用的吸附剂有氧化铝、硅胶、氧化镁、碳酸钙和活性炭等。尤以氧化铝应用更多，有专供色谱用氧化铝商品。供柱色谱使用的氧化铝有酸性、中性和碱性 3 种。酸性氧化铝适用于有机酸类物质的分离，其水提取液 pH 为 4；中性氧化铝适用于醛、酮、醌及酯类化合物的分离，其水提取液 pH 约为 7.5；碱性氧化铝适用于生物碱类碱性化合物和烃类化合物的分离，其水提取液的 pH 约为 10。

柱色谱的分离效果与吸附剂的颗粒度有关，柱色谱用的氧化铝以通过 100 ~ 150 筛孔的颗粒为宜。颗粒太粗，溶液流出太快，分离效果不好。颗粒太细，表面极大，吸附能力高，但溶液流速太慢，因此应根据实际需要而定。

2. 溶质的结构与吸附能力的关系　化合物的吸附性与它们的极性成正比，化合物分子中含有极性较大的基团时，吸附性也较强，氧化铝对各种化合物的吸附性按以下次序递减：

酸和碱 > 醇、胺、硫醇 > 酯、醛、酮 > 芳香族化合物 > 卤代物、醚 > 烯 > 饱和烃

3. 溶剂　溶剂的选择十分重要，通常根据被分离物中各种成分的极性、溶解度和吸附剂的活性等来考虑。①溶剂要求较纯，否则会影响试剂的吸附和洗脱。②溶剂和吸附剂不能发生化学反应。③溶剂的极性应比样品的极性小一些，否则样品不易被吸附剂吸附。④样品在溶剂中的溶解度不宜太大，否则影响吸附；也不能太小，否则溶液的体积增加，易使色谱分散。⑤有时可使用混合溶剂。如有的组分含有较多的极性基团，在极性小的溶剂中溶解度太小，可先选用极性较大的溶剂溶解，而后加入一定量的非极性溶剂，这样既降低了溶液的极性，又减少了溶液的体积。

4. 洗脱剂　洗脱剂是一种将吸附在吸附剂上的样品进行有效分离的溶液，它既可以是某种单一溶剂，也可以是一种混合溶液。如果原来用于溶解样品的溶剂冲洗柱子不能达到分离目的，可改用其他溶剂。一般极性较大的溶剂容易将样品洗脱下来，但达不到将样品逐一分离的目的。因此常使用一系列极性依次增大的溶剂。为了逐渐提

高溶剂的洗脱能力和分离效果，也可用混合溶剂作为过渡。一般先用薄层板选择好适宜的溶剂。

5 柱色谱操作步骤

（1）装柱　装柱前应先将色谱柱洗干净，进行干燥。在柱底铺一小块脱脂棉，再铺约一层厚 0.5cm 的石英砂，然后进行装柱。装柱分为湿法装柱和干法两种，下面分别加以介绍。

湿法装柱：将吸附剂（氧化铝或硅胶）用洗脱剂极性最低的洗脱剂调成糊状，在柱内先加入 3/4 柱高的洗脱剂，再将调好的吸附剂边敲打边倒入柱中，同时，打开下旋转活塞，在色谱柱下面放一个干净并且干燥的锥形瓶或烧杯，接受洗脱剂。当装入的吸附剂有一定的高度时，洗脱剂下流速度变慢，待所用吸附剂全部装完后，用流下来的洗脱剂转移残留的吸附剂，并将柱内壁残留的吸附剂淋洗下来。在此过程中，应不断敲打色谱柱，以便色谱柱填充均匀并没有气泡，柱子填完后，在吸附剂上端覆盖一层约 0.5cm 厚的石英砂。这样可以使样品均匀地流入吸附剂表面；当加入洗脱剂时，石英砂又可防止吸附剂表面被破坏。在整个装柱的过程中，柱内洗脱剂的高度始终不能低于吸附剂最上端，否则柱内会出现裂痕和气泡。

干法装柱：在柱色谱柱上端放一个干燥的漏斗，将吸附剂倒入漏斗中，使其成为一细流连续不断地装入柱中，并轻轻敲打色谱柱的柱身，使其填充均匀，再加入洗脱剂湿润。也可以先加入 3/4 的洗脱剂，然后再倒入吸附剂。由于硅胶和氧化铝的溶剂化作用易使柱内形成缝隙，所以这两种吸附剂不宜使用干法装柱。

（2）加入样品　先将吸附剂上端多余的溶剂放出，直到柱内液体表面达到吸附剂表面时，停止放出溶剂。沿管壁加入预先配制成适当浓度的样品溶液，注意加入样品时不能冲乱吸附剂平整的表面，样品溶液加完后，开启下端旋塞，使液体渐渐放出，至溶剂液面降至吸附剂表面时，即可用溶剂洗脱。

（3）洗脱和分离　在洗脱和分离的过程中应当注意：①连续不断地加入洗脱剂，并保持一定高度的液面，在整个操作过程中勿使吸附剂表面的溶液流干，一旦流干再加溶剂，易使色谱柱产生气泡和裂痕，影响分离效果；②收集洗脱液，如样品中各个组分有颜色，在柱上可直接观察，洗脱后分别收集各组分。在多数情况下，化合物没有颜色，收集洗脱液时多采用等分收集；③要控制洗脱液的流出速度，一般不宜太快，太快了柱中交换来不及达到平衡，从而影响分离效果；④应尽量在一定时间完成一个柱色谱的分离，以免样品在柱上停留时间过长，发生变化。

（三）纸色谱

纸色谱（纸上层析）属于分配色谱的一种。它的分离不是靠滤纸的吸附作用，而是用滤纸作为惰性载体，以吸附在滤纸上的水或有机溶剂作为固定相，流动相则是被水饱和过的有机溶剂，通常称为展开剂。利用样品中各组分在两相中的分配系数的不同达到分离的目的。主要用于多官能团或高极性化合物如糖、氨基酸等的分析分离。它的优点是便于保存，缺点是费时较长。

纸色谱装置如图 2-31 和图 2-32 所示。

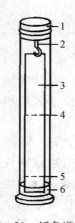

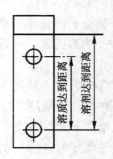

图 2 – 31　纸色谱装置　　　　图 2 – 32　纸色谱展开图

1. 橡皮塞　2. 玻璃钩　3. 纸条　4. 溶剂前沿

5. 起点线　6. 溶剂

1. 滤纸的选择　滤纸的纤维松紧适宜，厚薄均匀，全纸平整无折痕。将滤纸切成纸条，大小可自行选择，一般约为 3cm×20cm、5cm×30cm 或 8cm×50cm。

2. 展开剂　展开剂的选择十分关键，应根据被分离物质的不同，选用合适的展开剂。展开剂的选择应注意如下原则。

（1）难溶于水的极性化合物　以非水极性溶剂（如甲酰胺、N，N – 二甲基甲酰胺等）作为固定相，以不能与固定相混合的非极性溶剂（如环己烷、苯、四氯化碳、三氯甲烷等）作为展开剂。

（2）能溶于水的化合物　以吸附在滤纸上的水作为固定相，以与水能混合的有机溶剂（如醇类）作为展开剂。

（3）对不溶于水的非极性化合物　以非极性溶剂（如液体石蜡、α – 溴萘等）作为固定相，以极性溶剂（如水、含水的乙醇、含水的酸等）作为展开剂。

（4）展开剂对被分离物质的溶解度要合适。溶解度太大，被分离物质随展开剂快速移动；溶解度太小，则会被分离物质会留在原点。两种情况都不利于分离。

（5）通常不能使用单一的展开剂。如常用的正丁醇 – 水，是指用水饱和的正丁醇。正丁醇 – 醋酸 – 水（4:1:5）是指 3 种溶剂按其体积比，放入一分液漏斗中充分振摇混合，放置、分层。取其上层正丁醇混合液作为展开剂。

3. 点样　取少量样品，用水或易挥发的有机溶剂（如乙醇、丙酮、乙醚等）将其完全溶解，配制成约 1% 的溶液。用铅笔在滤纸上画线，标明点样位置，用毛细管吸取少量样品溶液，在滤纸上按照已写好的编号分别点样，控制点样直径在 0.2 ~ 0.5cm。然后将其晾干或用红外灯烘干。

4. 展开　于层析缸中注入展开剂，将点样的滤纸晾干后悬挂在层析缸内，将点有样品的一端放入展开剂液面下约 1cm 处，但试样斑点的位置必须在展开剂液面之上。纸色谱展开的方法除上述介绍的上升法外，还有下降法，如圆形纸色谱法和双向纸色谱法等。

5. 显色　展开完毕，取出滤纸，画出前沿。如化合物本身无色，可在紫外灯下观察有无荧光斑点，用铅笔在滤纸上画出斑点位置、形状、大小。通常可用显色剂喷雾显色，不同类型化合物可用不同的显色剂。如化合物本身有颜色，可直接观察斑点。

6. 比移值（R_f 值）的计算

按下式计算化合物的比移值（R_f）：

$$R_f = \frac{溶质的最高浓度点中心至原点中心的距离}{溶剂前沿至原点中心的距离}$$

R_f 值随被分离化合物的结构、固定相与流动相的性质、温度以及纸的质量等因素而变化。当温度、滤纸等实验条件固定时，比移值就是一个特有的常数，因而可作定性分析的依据。由于影响 R_f 值的因素很多，实验数据往往与文献记载不完全相同，因此在鉴定时常常采用标准样品作对照。此法一般适用于微量有机物质（5～500mg）的定性分析，分离出来的色点也能用比色方法定量。

（四）气相色谱

气相色谱（Gas Chromatography）简称 GC，是 20 世纪 50 年代初发展起来的一种分离分析新技术，是以气体作为流动相的色谱法。该法具有快速、高效、高灵敏度分离的特点。目前已广泛用于沸点在 500℃ 以下、对热稳定的挥发物质的分离和测定。但是对于不易挥发或对热不稳定的化合物以及腐蚀性物质的分离还有其局限性。

气相色谱常分为气液色谱（GLC）和气固色谱（GSC），前者属于分配色谱，后者属于吸附色谱。本书主要介绍气液色谱法。

1. 原理 气相色谱中的气液色谱属于分配色谱，其原理与纸色谱类似，都是利用混合物中各组分在固定相与流动相之间的分配情况不同，从而达到分离的目的。所不同的是气液色谱中的流动相是载气，固定相是吸附在载体上的液体。载体是一种具有热稳定性和惰性的材料，常用的载体有硅藻土、聚四氟乙烯等。载体本身没有吸附能力，对分离不起作用，只是用来支撑固定相，使其停留在柱内。分离时，先将含有固定相的载体装入色谱柱中，色谱柱通常是一根弯曲的或螺旋状的不锈钢管，内径约为 3mm，长度由 1m 到 10m 不等。当配成一定浓度的溶液样品，用微量注射器注入气化室后，样品在气化室中受热迅速气化，随载气（流动相）进入色谱柱中，由于样品中各组分的极性和挥发性不同，气化后的样品在柱中固定相和流动相之间不断地发生分配平衡。挥发性较高的组分由于在流动相中的溶解度大，因此随流动相迁移快，而挥发性较低的组分在固定相中的溶解度大于在流动相中的溶解度，因此随流动相迁移慢。这样，易挥发的组分先随流动相流出色谱柱，进入检测器鉴定，而难挥发的组分随流动相移动得慢，后进入检测器，从而达到分离的目的。

2. 气相色谱的流程 图 2-33 是一台气相色谱仪的流程图，一般由载气系统、分离系统、检测、记录和数据处理系统三大部分组成。

（1）载气系统 载气系统主要是储于钢瓶中的氮气、氢气或氦气，用减压阀控制载气流量，用皂膜流速计测量载气流速，一般的流速控制在 30～120ml/min。

（2）分离系统 包括分离用色谱柱、进样器、恒温箱和有关电器控制单元。色谱柱是色谱仪的心脏部分，常用的有金属或玻璃管柱，弯成 U 形或螺旋形；填充柱内径 2～6mm，长 1～3m，色谱柱内填满了涂渍有固定液的载体。毛细管柱是内径 0.25～

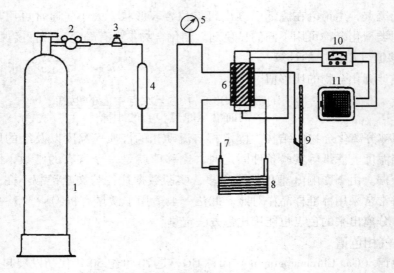

图 2 – 33　气相色谱仪流程图
1. 高压钢瓶　2. 减压阀　3. 精密调压阀　4. 净化干燥管　5. 压力表
6. 热导池　7. 进样器　8. 色谱柱　9. 皂膜流速计　10. 测量电桥　11. 记录仪

0.75mm，长几十米或更长的玻璃毛细管，内壁涂渍有固定液。固定液的选择是能否有效分离试样各组分的一个决定因素。通常根据"相似性"的原则选择固定液。

（3）检测、记录和数据处理系统　包括检测器、记录器和积分仪或微处理机等。检测器是检知和测定试样组成及各组分含量的部件，它将经色谱柱分离后的各组分按其特性及含量转换为相应的电讯号。常用的检测器有热导检测、氢火焰离子化检测器、电子捕获检测器等。一个好的检测器应具有如下特性：①敏感；②应答快；③线性范围宽；④通用性和特征性；⑤性能稳定可靠、操作方便等。

（五）高效液相色谱

高效液相色谱（high performance liquid chromatography）又称高压液相色谱（high pressure liquid chromatography），简称HPLC。

1. 简介　高效液相色谱是近30年发展起来的一种高效、快速的分离分析有机化合物的仪器，适用于那些高沸点，难挥发、热稳定性差及离子型的有机化合物的分离与分析。作为分离分析手段，气相色谱和高压液相色谱可以互相补充。就色谱而言，它们的差别主要在于前者的流动相是气体，而后者的流动相是液体。与柱色谱相比，高效液相色谱具有方便、快速、分离效果好、使用溶剂较少等优点。高效液相色谱使用的吸附剂颗粒比柱色谱要小得多，一般为 $5 \sim 50 \mu m$ 均匀的颗粒，因此，需要采用高的柱进口压（大于 $100 kg/cm^2$）以加速色谱分离过程。这也是柱色谱发展到高效液相色谱所采用的主要手段之一。

2. 高效液相色谱流程　高效液相色谱流程和气相色谱流程的主要差别在于，气相色谱是气体系统，高效液相色谱仪由高压输液泵、层析（色谱）柱、进样器、检测器、馏分收集器以及数据获取与处理系统等部分组成，具体流程见图 2 – 34。

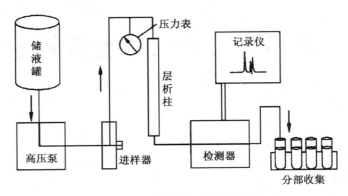

图 2 - 34 高效液相色谱流程图

3. 高效液相色谱的流动相和固定相

（1）流动相 液相色谱的流动相在分离过程中有较重要的作用，因此在选用流动相时，不但要考虑到检测器的需要，同时又要考虑它在分离过程中所起的作用。常用的流动相有正己烷、异辛烷、乙腈、二氯甲烷、水、甲醇等。在使用之前一般都要过滤、脱气，必要时需要进一步纯化。

（2）固定相 常用的固定相有全多孔型、薄壳型、化学改性型等类型。

高效液相色谱用的色谱柱大多数为内径 2 ~ 5mm，长 25cm 以内的不锈钢管。

常用的高效液相色谱检测器有紫外检测器、折光检测器、传动带氢火焰离子化检测器、荧光检测器、电导检测器等。一般采用往复泵作为高效液相色谱系统中的高压泵。

第三章 有机化合物的制备

实验一 环己烯的制备

【实验目的】

1. 熟悉环己烯反应原理，掌握环己烯的制备方法。
2. 掌握分液漏斗的使用、蒸馏和分馏操作。

【实验原理】

烯烃是重要的化工原料，工业上主要通过石油裂解的方法制备烯烃，有时也利用醇在高温下脱水制取。实验室中主要使用浓硫酸等作为催化剂使醇脱水或卤代烃在强碱存在下发生消除反应来制备烯烃。

本实验采用浓硫酸作为催化剂使环己醇脱水来制备环己烯，反应式如下：

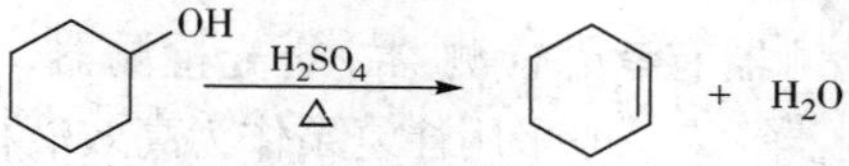

【实验步骤】

在 50ml 干燥的圆底烧瓶中，放入 15g 环己醇（15.6ml，0.15mol）[①]、1ml 浓硫酸和几粒沸石，充分振摇使混合均匀。烧瓶上装一短的分馏柱作分馏装置，接上冷凝管，用另一个圆底烧瓶作接受器，外用冰水冷却。

用小火慢慢将反应混合物加热至沸腾，控制加热速度使分馏柱上端的温度不要超过 90℃[②]，馏出液为环己烯和水的混合物。如无液体蒸出时，可将火加大。当烧瓶中只剩下很少量的残渣并出现阵阵白雾时，即可停止蒸馏。全部蒸馏时间约需 1h。

向馏出液中加入 3~4ml 5% 碳酸钠溶液中和微量的酸。将此液体倒入分液漏斗中，振摇后静置分层。将下层水溶液自漏斗下端活塞放出，上层的粗产物自漏斗的上口倒入干燥的锥形瓶中，加入 1~2g 无水氯化钙干燥[③]。将干燥后的液体滤入干燥的蒸馏瓶中，加入沸石后加热蒸馏[④]，收集 80~85℃ 的馏分于一已称重的干燥烧瓶中。产量 6~8g。

纯环己烯为无色液体，沸点为 82.98℃，n_D^{20} 为 1.4465。

本实验约需 3~4h。

[注释]

①环己醇在常温下是黏稠状液体，因而若用量筒量取时应注意转移中的损失，环己醇与硫酸应充分混合，否则在加热过程中可能会发生局部碳化。

②最好使用油浴，使蒸馏时受热均匀。由于反应中环己烯与水形成共沸物（沸点

70.8℃，含水 l0%），环己醇与环己烯形成共沸物（沸点 64.9℃，含环己醇 30.5%），环己醇与水形成共沸物（沸点 97.8℃，含水 80%），因比在加热时温度不可过高，蒸馏速度不宜太快，以减少未作用的环己醇蒸出。

③水层应尽可能分离完全，否则将增加无水氯化钙的用量，使产物更多地被干燥剂吸附而导致损失，这里用无水氯化钙干燥较适合，因为氯化钙还可除去少量环己醇。

④在蒸馏已干燥的产物时，蒸馏所用仪器都应充分干燥。

【思考题】

1. 在粗制的环己烯中，加入精盐使水层饱和的目的是什么？
2. 在蒸馏终止前，出现的阵阵白雾是什么？
3. 下列醇用浓硫酸进行脱水反应的主要产物是什么？ ①3 – 甲基 –1 – 丁醇；②3 – 甲基 –2 – 丁醇；③3，3 – 二甲基 –2 – 丁醇。

实验二　环己基苯的制备

【实验目的】

1. 了解室温离子液体的一般结构以及离子液体的特点及用途。
2. 掌握离子液体氯铝酸盐离子液体的合成及应用。
3. 掌握环己基苯的制备方法。
3. 掌握蒸馏等基本操作。

【实验原理】

环己基苯可用于锂电池的电解液添加剂、过充保护剂等。苯与环己烯在三氯化铝催化下可以合成环己基苯，但由于三氯化铝不能重复使用，增加了生产成本，且污染环境。本实验采用氯铝酸盐离子液体作催化剂，不仅可使反应顺利进行，而且催化剂可重复利用，对环境污染小，有重要的工业应用价值。

离子液体是完全由离子组成的液体，是低温（<100℃）下呈液态的盐，也称为低温熔融盐，它一般是由有机阳离子和无机阴离子组成。阳离子主要有烷基季铵离子、烷基取代咪唑离子，N – 烷基取代吡啶离子和烷基取代的季磷离子；阴离子主要有 X^-、BF_4^-、$AlCl_4^-$、PF_6^- 等。离子液体具有一系列优点：几乎没有蒸气压，不挥发，无色，无臭，具有较大的液相范围，较好的化学稳定性和较宽的电化学窗口。

【实验步骤】

1. 氯铝酸盐离子液体的制备　称取 9.7g（0.03mol）四丁基溴化铵，加入盛有 30ml 苯的圆底烧瓶中，并于室温下搅拌，缓慢加入 8.0g（0.06mol）无水氯化铝，进行反应，并继续搅拌至混合液无固相。反应 3h 后，分出上层苯，下层即为氯铝酸盐离子液体。

2. 环己基苯的制备　在30℃水浴条件下，缓慢滴加摩尔比16:1的苯与环己烯混合溶液，反应4h，下层液体回收重复使用，上层液体洗至中性后置于锥形瓶中，无水氯化钙干燥。干燥后蒸馏并收集236～242℃之间的馏分，得到产物为无色透明液体。产率约70%。

【思考题】

1. 写出本实验的反应机理。
2. 在本实验中离子液体发挥什么作用？

实验三　正溴丁烷的制备

【实验目的】

1. 掌握以溴化钠、浓硫酸和正丁醇反应制备正溴丁烷的原理与方法。
2. 掌握回流反应及气体吸收装置的安装和使用。

【实验原理】

卤代烷制备中的一个重要方法是由醇和氢卤酸发生亲核取代来制备。反应一般在酸性介质中进行。实验室制备正溴丁烷是用正丁醇与氢溴酸反应制备，由于氢溴酸是一种极易挥发的无机酸，因此在制备时采用溴化钠与硫酸作用产生氢溴酸直接参与反应。在该反应过程中，常常伴随消除反应和重排反应的发生。

$$NaBr + H_2SO_4 \longrightarrow NaHSO_4 + HBr$$

$$n-C_4H_9OH + HBr \xrightarrow{H_2SO_4} n-C_4H_9Br + H_2O$$

【实验步骤】

在50ml的圆底烧瓶中加入6ml水和8.3ml浓硫酸，混合均匀后，冷至室温。加入5ml（0.05mol）正丁醇及6.8g（0.07mol）溴化钠[①]，振摇后，加入几粒沸石，装上回流冷凝管，冷凝管上端接一溴化氢吸收装置，用5%氢氧化钠溶液作吸收剂。

加热回流0.5h，回流过程不断振摇烧瓶。反应完毕，稍冷却，改为蒸馏装置，蒸出正溴丁烷，至馏出液澄清为止。粗蒸馏液中除正溴丁烷外，常含有水、正丁醚、正丁醇，还有一些溶解的丁烯，液体还可能由于混有少量溴而带颜色。

将粗产品移入分液漏斗中，分出水层。把有机相转入另一干燥的分液漏斗中，用4ml浓硫酸洗一次[②]，分出硫酸层；再依次用等体积水[③]、饱和碳酸氢钠溶液及水各洗一次至中性。将正溴丁烷分出，放入干燥的锥形瓶中。用无水氯化钙干燥，将干燥过的液体滤到圆底烧瓶中，加热蒸馏，收集99～103℃馏分。称重，计算收率，测定折光率。

纯正溴丁烷为无色透明液体，沸点为101.6℃。n_D^{20}为1.4399。

[注释]

①加料顺序不能颠倒，应先加水，再加浓硫酸，然后依次是正丁醇和溴化钠。

②浓硫酸可溶解正丁醇、正丁醚及丁烯，使用干燥分液漏斗是为了防止漏斗中残余水分稀释硫酸而降低洗涤效果。

③用浓硫酸洗涤后，如产品呈红色，这是由于浓硫酸氧化溴化氢生成溴的缘故，这时可用饱和亚硫酸氢钠溶液代替水洗，以除去溴。

【思考题】

1. 加料时，如不按实验操作中的加料顺序，如先使溴化钠与浓硫酸混合，然后再加正丁醇和水，将会出现什么现象？

2. 本实验有哪些副反应？后处理时，各步洗涤的目的是什么？为什么用饱和碳酸氢钠水溶液洗涤前，首先要用水洗一次？

实验四　叔丁基氯的制备

【实验目的】

1. 掌握醇的亲核取代反应的原理及其应用。

2. 掌握萃取的操作、分液漏斗的使用及折光率的测定方法。

【实验原理】

卤代烃是一类重要的有机合成中间体和有机溶剂。卤代烃一般不存在于自然界中，主要通过有机合成反应来制备。例如，叔丁基氯一般通过叔丁醇和浓盐酸反应制备：

$$(CH_3)_3COH + HCl \longrightarrow (CH_3)_3CCl + H_2O$$

【实验步骤】

在 100ml 锥形瓶中，加入 9.5ml（7.4g，0.1mol）叔丁醇[①]和 25ml 浓盐酸，轻轻摇动，使之混合（注意及时放气，以免锥形瓶内压力过大使反应物喷出）。振荡 5min 后将反应液转入 125ml 分液漏斗中。静置分层，待分层明显后，分去水层，有机层依次用等体积的水、5% 碳酸氢钠溶液[②]、水洗涤。产物转移到锥形瓶中，用无水氯化钙干燥[③]。

将反应物滤至烧瓶中，安装蒸馏装置，加热蒸馏（接收瓶用冰水浴冷却），收集 48 ~52℃ 的馏分，产量约 7g。测定折光率。

纯叔丁基氯为无色液体，沸点为 52℃，n_D^{20} 为 1.3877。

本实验约需 3~4h。

[注释]

①叔丁醇凝固点为 25℃，温度较低时呈固态，需在温水中熔化后取用。

②用 5% 碳酸氢钠溶液洗涤时，只需轻轻振荡几下，注意及时放气。

③用无水氯化钙干燥，时间越长越好，若时间太短，干燥不充分，影响产品收率。

【思考题】

1. 洗涤粗产品时，若碳酸氢钠溶液浓度过高、洗涤时间过长，将对产物有什么影响？为什么？

2. 本实验中，未反应的叔丁醇如何除去？

实验五 对氯甲苯的制备

【实验目的】

掌握利用重氮盐制备对氯甲苯的原理和方法。

【实验原理】

重氮盐在合成中的重要应用之一是 Sandmeyer 反应，Sandmeyer 反应是通过卤化亚铜与重氮盐反应使氯或溴原子取代芳胺中氨基的一种通用方法。

重氮盐通常的制备方法是将芳胺溶于需要量的盐酸中（一般加入两当量以上的酸），将该混合物在冰中冷却后产生胺盐酸盐结晶的糊状物。当这个糊状物在 0 ~ 5℃用一当量的亚硝酸钠处理时，释放出亚硝酸同时发生反应，生成重氮盐。盐酸的用量多于形成胺的盐酸盐以及与亚硝酸钠反应所需要的两当量，这是为了保持足够的酸度防止形成重氮氨基化合物和防止重氮盐的重排。

由于大多数重氮盐很不稳定，室温即会分解放出氮气，故必须严格控制反应温度。制成的重氮盐溶液不宜长时间存放，应尽快进行下一步反应。Sandmeyer 反应关键在于相应的重氮盐与氯化亚铜能否形成良好的复合物。在实验中，重氮盐与氯化亚铜以等物质的量混合。由于氯化亚铜在空气中易被氧化，故氯化亚铜以新鲜制备为宜；在操作上是将冷的重氮盐溶液慢慢加入较低温度的氯化亚铜溶液中。

$$2CuSO_4 + 2NaCl + NaHSO_3 + 2NaOH \longrightarrow 2CuCl + 2Na_2SO_4 + NaHSO_4 + H_2O$$

【实验步骤】

1. 氯化亚铜的制备 在一锥形瓶中加入 3.5g（0.034mol）亚硫酸氢钠，2.3g（0.0575mol）氢氧化钠和 25ml 水，使之溶解。在 250ml 烧瓶中加入 15g（0.06mol）结晶硫酸铜（CuSO$_4$·5H$_2$O），4.5g（0.077mol）氯化钠，50ml 水，加热使固体溶解，趁热（60 ~ 70℃）[①]将锥形瓶中溶液倒入烧瓶中。溶液由蓝绿色变为浅绿色，并析出白色粉末状固体。将烧瓶置于冷水浴中冷却，用倾泻法倒去上层溶液，每次用 50ml 冷水洗涤两次，将上层溶液尽量倾尽，得白色粉末状固体，加入 25ml 冷的浓盐酸，摇匀使之溶解，塞好塞子，置冰水浴中冷却备用[②]。

2. 重氮盐的制备 在 100ml 烧杯中加入对甲苯胺 5.4g（0.05mol），浓盐酸 15ml，水 15ml，搅拌加热至溶解。稍冷后置于冰水浴中，搅拌逐渐成糊状，在 5℃以下，滴加由 3.8g（0.055mol）亚硝酸钠和 10ml 水组成的溶液，控制反应温度始终在 5℃以下[③]（如果反应温度过高，可向反应液中加一小块冰以降低反应温度）。当亚硝酸钠溶液滴加约85%~90%后，用淀粉－碘化钾试纸检验，若立即出现深蓝色[④]，表示亚硝酸钠已适量，不必再加，继续搅拌反应5min。

3. 对氯甲苯的制备　把制备好的重氮盐溶液慢慢倒入冷的氯化亚铜盐酸溶液中，边加边振摇烧瓶，片刻析出重氮盐－氯化亚铜橙红色复合物，加完后，室温放置15min。水浴加热到50~60℃[⑤]，有大量气泡（N_2）放出。当无氮气逸出时，转移到500ml长颈瓶中，将产物进行水蒸气蒸馏，蒸出对氯甲苯，收集馏分约80ml，转移到分液漏斗中，分出有机层，水层每次用10ml三氯甲烷萃取两次，将三氯甲烷萃取液与有机层合并，依次用10%氢氧化钠、水、5%硫酸水溶液、水各5ml洗涤，有机层用无水氯化钙干燥。

安装蒸馏装置蒸出三氯甲烷，残液进行高沸点蒸馏，收集158~162℃馏分，产量约3~3.5g。

纯对氯甲苯的沸点为162℃，n_D^{20}为1.5150。

本实验约需6~8h。

[注释]

①在此温度下得到的氯化亚铜颗粒粗，易于洗涤，若温度较低颗粒较细，难于洗涤。

②氯化亚铜在空气中遇热或光易被氧化，应尽量短时间低温避光放置。

③反应温度超过5℃，重氮盐会分解，从而降低产率。

④亚硝酸钠过量会使重氮盐氧化而降低产率，应及时用碘化钾－淀粉试纸检验，至试纸变蓝为止。

⑤分解温度不宜过高，温度高会产生副反应，生成焦油状物质。

【思考题】

1. 什么叫重氮化反应？重氮化反应在有机合成中有何应用？

2. 重氮化反应为什么必须在低温下进行？温度高了会有什么副反应发生？

3. 氯化亚铜盐酸溶液为什么不能长时间放置？

4. 为什么不直接用甲苯氯化来制备对氯甲苯？

实验六　2-甲基-2-己醇的制备

【实验目的】

1. 掌握格氏试剂（Grignard 试剂）的制备、应用和 Grignard 反应的条件。

2. 掌握搅拌、回流、萃取、蒸馏等操作。

【实验原理】

醇是有机合成中应用极广的一类化合物，醇的制法很多，简单和常用的醇在工业上利用水煤气合成、淀粉发酵、烯烃水合及易得的卤代烃的水解等反应来制备。实验室制备醇的主要方法是利用 Grignard 反应合成。

$$n-C_4H_9Br + Mg \xrightarrow{\text{无水 Et}_2O} n-C_4H_9MgBr$$

$$n-C_4H_9MgBr + CH_3COCH_3 \xrightarrow{\text{无水 Et}_2\text{O}} n-C_4H_9-\underset{\underset{OMgBr}{|}}{\overset{\overset{CH_3}{|}}{C}}-CH_3$$

$$n-C_4H_9-\underset{\underset{OMgBr}{|}}{\overset{\overset{CH_3}{|}}{C}}-CH_3 \xrightarrow{\text{NH}_4\text{Cl, H}_2\text{O}} n-C_4H_9-\underset{\underset{OH}{|}}{\overset{\overset{CH_3}{|}}{C}}-CH_3$$

【实验步骤】

在 250ml 三颈瓶上分别安装电动搅拌器、滴液漏斗、回流冷凝管，冷凝管上口安装 $CaCl_2$ 干燥管。

三颈瓶中放入 2.4g（0.1mol）镁屑及一小粒碘，滴液漏斗中放入 15ml 无水乙醚和 13.7g（0.1mol）正溴丁烷，混合均匀；向三颈瓶中滴入正溴丁烷 – 无水乙醚混合液的 1/3，引发反应。稍后，碘的颜色消失，反应液呈灰色；反应平稳后，慢慢滴入剩余的混合液，滴加完毕后，水浴回流 30min，使镁屑作用完全。

冷水浴冷却下，慢慢滴入 7.4ml（0.1mol）丙酮和 10ml 无水乙醚的混合液，滴加完毕后，水浴回流 30min，此时，溶液成黑灰色黏稠状。

冷水浴冷却下，从滴液漏斗中滴入 20% 硫酸溶液 50～60ml，滴加完毕后，将反应后的混合液转移至分液漏斗中，分出乙醚层，水层每次用 20ml 乙醚萃取两次，合并醚层并用 30ml 15% 碳酸钠洗涤一次，用无水碳酸钾干燥醚层。水浴蒸出乙醚后，再蒸出产品，收集 139～143℃的馏分，产率约 50%。

纯 2 – 甲基 – 2 – 己醇的沸点为 143℃，n_D^{20} 为 1.4175。

本实验约需 6～8h。

【思考题】

1. 请写出正丁基溴化镁与下列化合物反应的产物：二氧化碳、氧气、氢氰酸、苯甲腈。

2. 实验中的丙酮可否用乙酸乙酯代替？为什么？

3. 氯乙烯和氯苯能否制备成格氏试剂？如果能，需要什么样的条件？

4. 蒸馏产品时，应采取哪种加热方式？

实验七　二苯甲醇的制备

【实验目的】

1. 掌握还原法由酮制备仲醇的原理和方法。

2. 掌握萃取、蒸馏和减压蒸馏以及重结晶等操作。

【实验原理】

二苯甲酮可以利用多种还原剂还原得到二苯甲醇。硼氢化钠是一个负氢试剂，能选择性地将醛酮还原成醇，操作方便，反应可在含水醇溶液中进行。1mol 硼氢化钠理论上能还原4mol醛酮，但在实际反应中常用过量的硼氢化钠，反应式为：

$$PhCOPh + NaBH_4 \longrightarrow Na^+ \left[B\left(OCHPh_2\right)_4 \right]^-$$

$$Na^+ \left[B\left(OCHPh_2\right)_4 \right]^- \xrightarrow{H_2O} 4Ph_2CHOH$$

在碱性醇溶液中用锌粉还原，也是制备二苯甲醇的便宜的方法之一。反应式如下：

$$PhCOPh \xrightarrow{Zn + NaOH} Ph_2CHOH$$

【实验步骤】

一、实验方法一：硼氢化钠还原

在装有回流冷凝管、分液漏斗和磁力搅拌器的100ml三颈瓶中，加入1.82g（0.01mol）二苯甲酮和20ml 95%乙醇，塞住余下的瓶口后，加热使固体全部溶解，冷至室温后，在搅拌下分批加入0.4g（0.01mol）硼氢化钠[①]，此时，可观察到有气泡产生，溶液变热，硼氢化钠加入速度以反应温度不超过50℃为宜。待硼氢化钠加毕，加热搅拌回流20min，此过程中有大量气泡放出，冷至室温后[②]，通过分液漏斗加入40ml冷水，然后逐滴加入10%盐酸3.5~5.0ml，以分解过量的硼氢化钠，直至反应停止。当反应液冷却后，抽滤，用水洗涤所得固体，干燥后得到粗产物。粗产物用石油醚（30~60℃）重结晶[③]，得到二苯甲醇针状结晶约1g，测定熔点。

纯二苯甲醇熔点为69℃。

本实验约需3~4h。

二、实验方法二：锌粉还原

在装有回流冷凝管的50ml锥形瓶中，依次加入1.5g（0.038mol）氢氧化钠，1.5g（0.008mol）二苯甲酮，1.5g（0.023mol）锌粉和15ml 95%乙醇，充分振摇，微微加热，约20min后，在80℃水浴上加热5min使反应完全，抽滤，固体物用少量乙醇洗涤，滤液倒入80ml冷水中，振摇混合均匀后用浓盐酸小心酸化，使得溶液pH为5~6[④]，抽滤析出的固体，用少量水洗涤后干燥得到粗产物。粗产物可用石油醚（30~60℃）重结晶。

纯二苯甲醇熔点为69℃。

本实验约需3~4h。

[注释]

①硼氢化钠是强碱性物质，易吸潮，具腐蚀性，称量时要小心操作，勿与皮肤接触。

②若无沉淀出现，可在水浴上蒸去大部分乙醇，冷却后将残液倒入10g碎冰和1ml浓盐酸的混合液中。

③也可以用己烷代替石油醚进行重结晶。

④酸化时溶液酸性不能太强，否则难以析出固体。

【思考题】

1. 硼氢化钠和氢化锂铝都是负氢还原剂，试说明它们在还原性及操作上有什么不同？

2. 本实验反应完成以后，为什么要加入 10% 盐酸？

实验八 三苯甲醇的制备

【实验目的】

1. 掌握 Grignard 试剂的制备、应用和进行 Grignard 反应的条件。

2. 掌握搅拌、回流、萃取、蒸馏、重结晶等操作。

【实验原理】

卤代烃在醚溶剂中和金属镁作用生成烃基卤化镁，称为格氏试剂（Grignard Reagent）。格氏试剂可以与醛、酮、酯等化合物发生加成反应，经水解后生成不同类型的醇，三苯甲醇可以由苯基溴化镁与苯甲酸乙酯加成再水解得到，也可以用苯基溴化镁与二苯甲酮反应来制备。

$$PhBr + Mg \xrightarrow{\text{无水 Et}_2\text{O}} PhMgBr$$

$$PhCO_2C_2H_5 + 2PhMgBr \xrightarrow{\text{无水 Et}_2\text{O}} Ph_3COMgBr$$

$$\text{或 } PhCOPh + PhMgBr \xrightarrow{\text{无水 Et}_2\text{O}} Ph_3COMgBr$$

$$Ph_3COMgBr \xrightarrow{\text{NH}_4\text{Cl, H}_2\text{O}} Ph_3COH$$

【实验步骤】

一、实验方法一：苯基溴化镁与苯甲酸乙酯的反应

1. 苯基溴化镁的制备 在 250ml 三颈瓶上分别装置搅拌器、冷凝管及滴液漏斗，在冷凝管的上口装置 $CaCl_2$ 干燥管。三颈瓶中放入 0.75g 镁屑和一小粒碘，滴液漏斗中放入 3.4ml（5g，0.032mol）溴苯和 13ml 无水乙醚，混合均匀。先滴入混合液的 1/3 至三颈瓶中，引发反应，溶液轻微混浊，碘的颜色逐渐消失。待反应平稳后，开动搅拌器，缓慢滴加剩余的溴苯 – 乙醚混合液，滴加速度使反应保持微沸状态。滴加完毕后，加热回流 0.5h，使镁屑作用完全。

2. 三苯甲醇的制备 将三颈瓶置于冷水浴中，在搅拌下由滴液漏斗滴加 1.9ml（2g，0.013mol）苯甲酸乙酯和 5ml 无水乙醚的混合液。滴加完毕后，加热回流 0.5h，使反应进行完全。将三颈瓶置于冷水浴中，在搅拌下由滴液漏斗滴入氯化铵饱和溶液（3.8g 氯化铵溶于 14ml 水中）[①]，分解加成产物。将反应物倒入分液漏斗中，将乙醚层分出[②]，用常压蒸馏的方法蒸去乙醚，将剩余物质进行水蒸气蒸馏，直至馏出液没有油珠为止。将所得物质冷却后抽滤，用冷水洗涤沉淀，收集三苯甲醇粗品。粗品用 70% 乙醇重结晶，干燥后产量约 2.3 ~ 2.5g。

纯三苯甲醇为白色棱状结晶，熔点为 162.5℃。

本实验约需 6~8h。

二、实验方法二：苯基溴化镁与二苯酮的反应

仪器装置及操作步骤同实验方法一。

用 0.75g 镁屑和 3.2ml（4.8g，0.03mol）溴苯（溶于 15ml 无水乙醚中），制成格氏试剂后，在搅拌下滴加 5.5g（0.03mol）二苯酮和 15ml 无水乙醚混合液。滴加完毕后，水浴回流 0.5h，然后用饱和氯化铵溶液（6g 氯化铵溶于 22ml 水中）分解加成产物。蒸去乙醚后，进行水蒸气蒸馏，冷却，抽滤固体，得到三苯甲醇粗品，用 70% 乙醇重结晶，得到产品 2~2.3g。

本实验约需 6~8h。

[注释]

①氯化铵饱和水溶液分解加成产物是放热反应，开始应慢慢加入，并用冷水浴冷却，否则，反应剧烈放热会使乙醚冲出。

②如果在水层和醚层之间有固体析出，此固体为析出的三苯甲醇，可用适量的乙醚使其溶解后，再进行分液操作。

【思考题】

1. 制备格氏试剂苯基溴化镁时，溴苯滴入太快或一次加入可以吗？为什么？

2. 格氏试剂有什么特点？本实验中对所使用的仪器和试剂有什么要求？

3. 如果苯甲酸乙酯和乙醚中混有乙醇，对反应有什么影响？

4. 水蒸气蒸馏的目的是什么？

实验九 乙醚的制备

【实验目的】

1. 掌握实验室制备乙醚的原理和方法。

2. 掌握低沸点易燃液体的蒸馏操作。

【实验原理】

醚是一类重要的有机化合物，有些有机反应必须在醚中进行，例如 Grignard 反应，因此醚是有机合成中常用的溶剂。乙醚通常由乙醇在浓硫酸存在下加热脱水来制备。

$$CH_3CH_2OH + H_2SO_4 \longrightarrow CH_3CH_2OSO_2OH + H_2O$$

$$CH_3CH_2OSO_2OH + CH_3CH_2OH \xrightarrow{140~150℃} CH_3CH_2OCH_2CH_3 + H_2SO_4$$

【实验步骤】

在 100ml 干燥三颈瓶中放入 13ml 95% 乙醇，然后将三颈瓶浸入冰水浴中；一边摇动烧瓶一边慢慢加入 12.5ml 浓硫酸，使混合均匀，并加入几粒沸石，三颈瓶瓶口分别装有滴液漏斗、温度计和蒸馏装置。滴液漏斗的末端，温度计的水银球应浸入液面以下距三颈瓶底 0.5~1cm 处，接受瓶应浸入冰盐水中冷却，弯接管支管处应接橡皮管，

然后将其通入水槽中（注意整个装置必须严密不漏气）。

在滴液漏斗中加入25ml 95%乙醇，将三颈瓶用油浴加热，当反应温度升到140℃时，开始从滴液漏斗处滴加乙醇，控制滴加乙醇的速度，使它和蒸出乙醚的速度大致相等（约每秒钟1~2滴）[①]并维持反应温度在140~150℃之间，乙醇大约在30~40min内滴加完毕。然后继续加热大约10min，直到温度上升到160℃时停止加热。反应完毕。

将馏出液倒入250ml分液漏斗中，依次用8ml 5%氢氧化钠溶液和8ml饱和氯化钠溶液洗涤。然后再用饱和氯化钙溶液洗涤两次，每次用8ml。静置，分层。将乙醚层倒入干燥的锥形瓶中，用1~2g无水氯化钙干燥。塞上塞子，静置一段时间。当瓶内乙醚澄清时，滤至干燥的100ml蒸馏烧瓶中，加入沸石后，用预先准备好的50~60℃的热水浴进行蒸馏[②]，收集33~38℃的馏分。

纯乙醚的沸点为35℃。

本实验约需4h。

[注释]

①滴入乙醇的速度应与乙醚馏出的速度相等，若滴加过快，乙醇还未反应就被蒸出，而且使反应液的温度下降，减少乙醚的生成。

②蒸馏或使用乙醚时，实验台附近严禁火种。当反应完成转移乙醚和精制乙醚时，必须熄灭附近的火源。

【思考题】

1. 反应温度过高或过低对反应有什么影响？
2. 反应中可能产生的副产物是什么？
3. 蒸馏和使用乙醚时应注意哪些事项？为什么？

实验十　甲基叔丁基醚的制备

【实验目的】

掌握用硫酸催化脱水法制备混合醚的原理和方法。

【实验原理】

大多数有机化合物在醚中都有良好的溶解度，有些反应必须在醚中进行，因此，醚是有机合成中常用的溶剂。甲基叔丁基醚具有优良的抗震性，将汽油中用于增强汽车抗震性能的四乙基铅剔除而代之以甲基叔丁基醚，对环境无污染。醇的分子间脱水是制备醚常用的方法。实验室常用的脱水剂是浓硫酸。

$$(CH_3)_3COH + CH_3OH \xrightarrow{15\% H_2SO_4} (CH_3)_3COCH_3$$

【实验步骤】

在150ml圆底烧瓶上配置一个分馏柱，分馏柱的顶端装上蒸馏头和温度计，在蒸馏头支管处依次配置直形冷凝管、弯接管和接收瓶。弯接管支管处与橡皮管连接并将橡皮管导入水槽。接收瓶放在冰水浴中。

将 35ml 15% 硫酸，8ml（0.2mol）甲醇和 10ml（0.11mol）叔丁醇放入圆底烧瓶中，不断振摇使其充分混合，然后加入几粒沸石，加热。收集 49～53℃ 的馏分。然后将馏分转移至分液漏斗中，依次用 25ml 水、15ml 5% 氢氧化钠水溶液、15ml 饱和氯化钠和 15ml 饱和氯化钙溶液洗涤*。然后将醚溶液用无水氯化钙干燥。待瓶内液体澄清后，将液体滤入干燥的 100ml 的圆底烧瓶中，加入沸石，水浴加热下常压蒸馏。收集 53～56℃ 的馏分，产品为无色透明液体。

纯甲基叔丁基醚的沸点为 55.2℃。

本实验约需 4h。

[注释]

*洗涤的目的是除去醚层中的醇和可能有的过氧化物。

【思考题】

混合醚的制备通常采用威廉姆逊（Williamson）合成法，为什么本实验可用硫酸催化脱水法制备甲基叔丁基醚？

实验十一　间硝基苯酚的制备

【实验目的】

掌握制备间硝基苯酚的原理和方法。

【实验原理】

重氮硫酸氢盐在硫酸水溶液中煮沸水解，分解放出氮气，重氮基被羟基取代得酚类；该反应必须在酸性条件下进行，用硫酸不能使用盐酸，因为反应历程是先放出 N_2，产生芳基正离子，再与亲核的水结合，生成产物，若有氯离子存在，会产生副产物间硝基氯苯。

【实验步骤】

1. 重氮盐的制备　在 200ml 烧杯中，加入 11ml 浓硫酸和 18ml 水组成的稀硫酸溶液，加入 7g（0.051mol）间硝基苯胺和 25g 冰屑，充分搅拌[①]，间硝基苯胺与硫酸作用形成糊状的硫酸氢盐。将烧杯放置于冰盐浴中冷却至 0～5℃，搅拌下滴加由 3.5g（0.051mol）亚硝酸钠和 10ml 水组成的溶液，保持反应温度在 5℃ 以下，在 5min 内滴加完毕[②]（如果反应中温度升高，可向反应液中加入冰屑）。滴加完毕后，继续搅拌 10min。取 1 滴反应液，用淀粉－碘化钾试纸检查，若试纸变蓝，表示亚硝酸钠已过量，若未变蓝色，需补加亚硝酸钠溶液[③]。反应液继续在冰盐浴中放置 10min[④]。

2. 间硝基苯酚的制备　在 250ml 烧瓶中，加入 25ml 水，振摇下滴加 33ml 浓硫酸，加热至沸腾，分批加入重氮盐溶液，使反应液保持沸腾，但注意防止因释放氮气泡沫使反应物溢出。此时反应液呈深褐色，有部分间硝基苯酚以黑色油珠析出。加毕，继续煮沸 15min。稍冷后，将反应物转移到烧杯中，冷却，充分搅拌，使产物形成均匀的晶体。充分冷却，抽滤。用少量冰水洗涤晶体几次，抽滤，得褐色的粗间硝基苯酚，湿重 4～5g。粗产品用 15% 盐酸 50ml 重结晶，活性炭脱色，得浅黄色间硝基苯酚晶体，干燥后称重约 3g。测定熔点。

纯间硝基苯酚熔点为 96℃。

本实验约需 4～6h。

[注释]

①可用磁力搅拌，也可用机械搅拌。

②加入亚硝酸钠速度不宜太慢，以防重氮盐与未反应的芳胺发生偶联反应生成不溶性的重氮氨基化合物。

③亚硝酸钠过量会导致重氮盐被硝基取代和生成的酚被氧化等副反应。

④可有部分重氮盐以晶体形式析出。

【思考题】

1. 为什么不能用苯酚硝化来制备间硝基苯酚？

2. 写出由对硝基苯胺制备对硝基苯酚的合成路线。

实验十二　苯乙酮的制备

【实验目的】

1. 掌握傅－克反应的原理和苯乙酮的制备方法。

2. 掌握无水操作及搅拌装置的安装、蒸馏等操作。

【实验原理】

Friedel－Crafts 酰基化反应是制备芳香酮的主要方法。在无水三氯化铝存在下，酸酐与比较活泼的芳香族化合物发生亲电取代反应，产物是芳基烷基酮或二芳基酮。所有 Friedel－Crafts 反应均需在无水条件下进行。

苯乙酮利用的是苯与乙酸酐在路易斯酸催化剂（三氯化铝）作用下的反应制备：

$$\bigcirc + (CH_3CO)_2O \xrightarrow{AlCl_3} \bigcirc\!\!-COCH_3 + CH_3COOH$$

【实验步骤】

在 250ml 干燥的三颈瓶中装上搅拌器，恒压滴液漏斗和回流冷凝管（这些仪器都应干燥过）[①]。在冷凝管的上端装一个氯化钙干燥管，干燥管与氯化氢气体吸收装置相连。

快速称取研碎的无水三氯化铝 18g[②]，然后快速地放入三颈瓶中，再加入干燥过的无水苯 22ml（0.247mol）。在搅拌下，自滴液漏斗慢慢滴加 8ml（0.071mol）新蒸过的乙酸酐。控制滴加速度以免使反应过于剧烈。乙酸酐大约需 30min 滴加完毕。然后将三颈瓶放在 50～60℃ 水浴中加热并搅拌，直到反应液中无氯化氢气体逸出为止（此时说明三氯化铝已溶解完，此过程大约需要 40min）。将反应液冷却至室温，然后将三颈瓶浸入冷水浴中，在搅拌下慢慢加入 25ml 浓盐酸和 50ml 冰水组成的混合液，使瓶内固体完全溶解。然后将瓶内液体转至分液漏斗中，振摇，静置，分层。分出有机层，水层每次用 15ml 的苯萃取两次。将有机层和苯萃取液合并，然后依次用 20ml 水和 20ml 5% 氢氧化钠水溶液对有机层进行洗涤。然后用无水硫酸镁干燥有机层，先用常压蒸馏法蒸出苯。然后用减压蒸馏蒸出产品，产品为无色透明液体。

纯苯乙酮的沸点为 202℃。

本实验约需 6h。

[注释]

①本实验所用仪器和试剂均需充分干燥，否则影响反应的顺利进行，装置中凡是和空气相通的部位，应装上干燥管。

②无水三氯化铝的质量优劣是实验成败的关键之一，所以要迅速称取和研磨。如已变成白色，表示已吸潮，不能使用。

【思考题】

1. 为什么要用过量的苯和三氯化铝？

2. 为什么要逐滴地滴入乙酸酐？

3. 反应完成后为什么要加入浓盐酸和冰水混合物，而不是直接冰水？

实验十三　4-苯基-3-丁烯-2-酮的制备

【实验目的】

1. 掌握羟醛缩合反应的原理及其应用。

2. 掌握常压蒸馏、减压蒸馏等基本操作。

【实验原理】

无 α-活泼氢的芳醛可与有 α-活泼氢的醛酮发生交叉羟醛缩合反应，缩合产物自发脱水生成稳定的共轭体系 α，β-不饱和醛酮。这种交叉羟醛缩合反应称为 Claisen-Schmidt 反应，它是合成侧链上含两种官能团的芳香族化合物及含几个苯环的脂肪族体系中间体的一条重要途径。

苯甲醛和丙酮的交叉羟醛缩合反应可以制备 4-苯基-3-丁烯-2-酮。

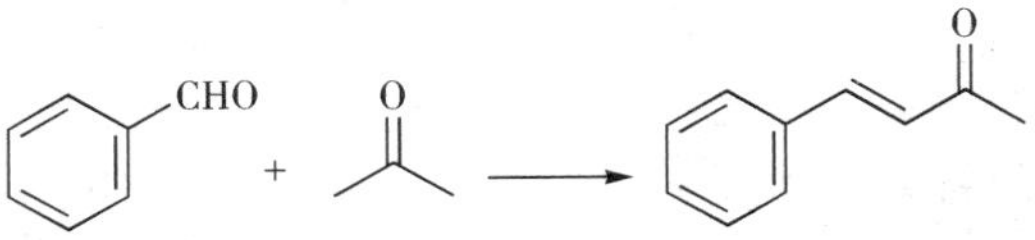

【实验步骤】

在 25ml 三颈瓶中，加入 2.1ml（0.02mol）新蒸的苯甲醛、4.0ml（0.05mol）丙酮和 4.0ml 水。在搅拌下，滴加 3.0ml 2.5mol/L 氢氧化钠溶液，控制反应温度在 25～

30℃ *，反应持续 1 ~ 2h。

用 1:1 盐酸中和反应物至中性，用分液漏斗分离有机层，并用甲苯萃取水相，合并有机层。用无水硫酸镁干燥后，除去干燥剂。滤液先蒸馏除去甲苯，然后用油泵减压蒸馏收集产物。产物沸点为 120 ~ 130℃/0.93kPa（7mmHg），140℃/2.13kPa（16mmHg）。产物冷却后固化，产量约 2.00g，产率 66.7%。

纯 4 - 苯基 - 3 - 丁烯 - 2 - 酮的熔点为 38 ~ 39℃。

［注释］

＊反应温度不宜过高，否则副反应增多。

【思考题】

1. 本反应碱的浓度过大、反应温度过高，会有什么不利影响？

2. 本实验中，缩合产物为什么会失水成烯？

实验十四　4 - 苯基 - 2 - 丁酮的制备

【实验目的】

1. 通过 4 - 苯基 - 2 - 丁酮的制备掌握乙酰乙酸乙酯合成法的原理及其在有机合成中的应用。

2. 掌握回流、萃取和减压蒸馏等基本操作。

【实验原理】

4 - 苯基 - 2 - 丁酮存在于烈香杜鹃的挥发油中，具有止咳、祛痰的作用。

乙酰乙酸乙酯中的亚甲基上的氢原子因受两个相邻羰基的影响变得比较活泼，与醇钠等强碱反应时可被置换生成钠化合物；后者可以与卤代烷发生亲核取代反应，生成烷基取代的乙酰乙酸乙酯；烷基取代的乙酰乙酸乙酯与稀碱作用进行酮式分解得到取代甲基酮。

4 - 苯基 - 2 - 丁酮是以乙酰乙酸乙酯为原料经合成烷基取代物再进行酮式分解得到。

$$CH_3COCH_2COOC_2H_5 \xrightarrow{CH_3ONa} [CH_3COCHCO_2C_2H_5]^- Na^+ \xrightarrow{C_6H_5CH_2Cl}$$

$$\underset{\underset{CH_2C_6H_5}{|}}{CH_3COCHCO_2C_2H_5} \xrightarrow{NaOH, H_2O} \underset{\underset{CH_2C_6H_5}{|}}{CH_3COCHCO_2^- Na^+} \xrightarrow[\triangle]{H^+} CH_3COCH_2CH_2C_6H_5$$

【实验步骤】

在 50ml 干燥的三颈瓶中，加入 4.5ml（0.10mol）无水甲醇和 5.3g 金属钠[1]。在电磁搅拌下，室温反应。金属钠很快溶解并放出氢气。待钠反应完毕后，室温搅拌下滴加 3.0ml（0.02mol）乙酰乙酸乙酯，继续搅拌 10min。在室温下，慢慢滴加 2.7ml（0.02mol）新蒸过的氯化苄，这时溶液呈米黄色混浊液，然后加热回流 30min。停止加热，稍冷却后，慢慢加入由 1.20g 氢氧化钠和 10ml 水配成的溶液，约需 5min 加完，此时溶液 pH 约为 11。再加热回流 30min 后，冷却至 40℃ 以下，慢慢滴加 3.0ml 浓盐酸，溶液 pH 为 1～2。加热回流 30min，进行脱羧反应。回流完毕后，溶液分为两层，上层为黄色有机层。

冷却，用分液漏斗分出有机层，水层用 10ml 乙醚萃取一次。将乙醚与有机层合并，用饱和氯化钠溶液洗涤两次，至 pH 为 6～7，分出有机层，用无水硫酸钠干燥，过滤除去干燥剂。

在水浴上蒸去乙醚[②]。减压蒸馏，收集 132～140℃/5.35kPa（40mmHg）馏分，产品为无色透明液体，约 1.70～2.10g，产率 48%～59%。

[注释]

① 金属钠遇水燃烧爆炸，使用时应严格防止与水接触。制备甲醇钠时，金属钠只需切成小块，分批加入至三颈瓶中。

② 注意乙醚的后处理及蒸馏的安全。

【思考题】

1. 试分析在制备 4 - 苯基 - 2 - 丁酮的过程中主要副产物是什么？

2. 1 - 苯基 - 1 - 丙酮能否通过乙酰乙酸乙酯和溴苯（或氯苯）来制备？为什么？

实验十五　2 - 乙酰基环戊酮的制备

【实验目的】

1. 掌握烯胺的制备及烯胺的酰基化反应。

2. 掌握回流、常压蒸馏及减压蒸馏等操作。

3. 了解烯胺在有机合成中的应用。

【实验原理】

烯胺是具有　—C＝C—N　结构的一类化合物的总称，通常通过醛酮与仲胺反应制得。本实验中烯胺：4 -（1 - 环戊烯基）吗啉，由环戊酮与吗啉反应生成。

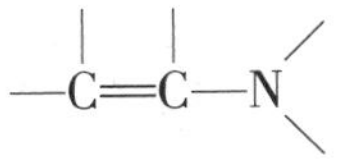

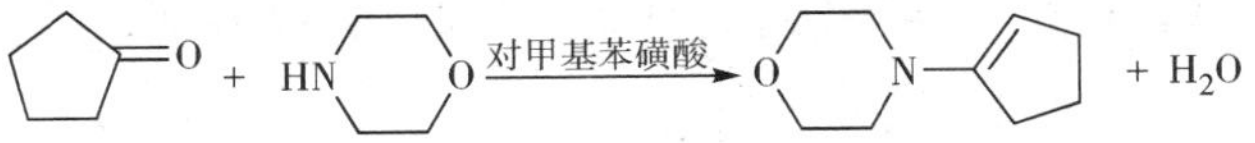

烯胺在有机合成中是一种重要的有机中间体，烯胺可进行烃基化或酰基化，反应条件温和，产率较高。4 -（1 - 环戊烯基）吗啉进行乙酰基化反应，再水解就得到 2 - 乙酰基环戊酮。

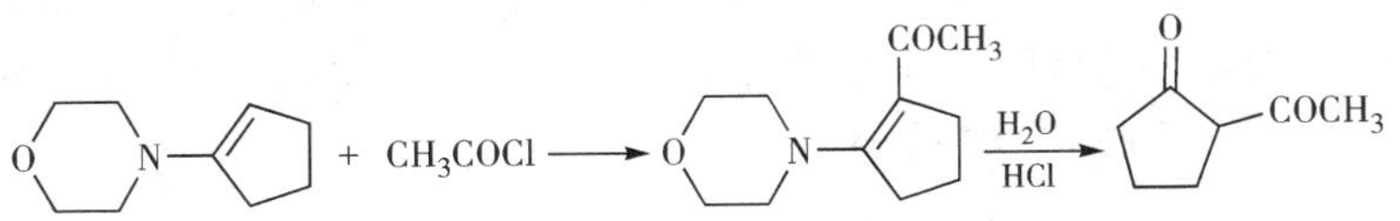

【实验步骤】

1. 4 –（1 – 环戊烯基）吗啉的制备　在 100ml 圆底烧瓶中，放入 2.1g（0.025mol）环戊酮、2.6g（0.031mol）吗啉、5 滴对甲苯磺酸[①]和 50ml 苯，放入少许沸石，在蒸馏头的承接肼中加 10ml 水回流分水 3h[②]。常压蒸馏除苯，然后采用减压蒸馏方法进一步将苯蒸除，得黄色油状物 2.7g，产率约 70%。此为 4 –（1 – 环戊烯基）吗啉粗品[③]，可直接用于下一步反应[④]。

2. 2 – 乙酰基环戊酮的制备　在 50ml 圆底烧瓶中加入上述制得的 2.3g（0.015mol）4 –（1 – 环戊烯基）吗啉、1.6g（0.016mol）三乙胺[⑤]和 19ml 三氯甲烷[⑥]。将圆底烧瓶放入冰水浴，用校正过的毛细滴管吸取 1.2g（0.015mol）乙酰氯[⑦]与 5.5ml 三氯甲烷的混合液。在充分搅拌下，当反应瓶内温度降至 0℃时，开始滴加，立即发生剧烈的放热反应[⑧]。控制滴加速度使瓶内温度保持在 0℃左右。滴加完毕后，在 0℃搅拌 1h，室温下将反应液放置过夜[⑨]。

将 50ml 水和 20ml 浓盐酸加入反应瓶内，在充分搅拌下回流 3h，待反应液冷至室温，转移至分液漏斗中，用水洗涤，每次 10ml，直至水相 pH 为 5～6 为止。有机层用无水硫酸钠干燥。滤去干燥剂，常压蒸馏除三氯甲烷，减压蒸馏，收集 78～81℃/16kPa 馏分，产品重 0.12g，产率 63%。

［注释］

①对甲苯磺酸作为催化剂。

②吗啉稍过量，因为分出的水要带走一部分，所以分出的水往往超过理论量。

③该产品不稳定，需在冰箱内保存，时间不宜太长。

④因为量小，无需提纯，即可用于反应。纯 4 –（1 – 环戊烯基）吗啉为 97～101℃/0.99～1.07kPa，折光率 $n_D^{23.5} = 1.5120$。

⑤三乙胺用前必须处理，其方法是：将适量金属钠放入其中过夜，次日重蒸，再放入适量金属钠，备用。

⑥三氯甲烷用前必须处理，其方法是：加入适量无水氯化钙，放置 2～3 天，重蒸后使用。

⑦为保证反应顺利进行及反应收率，乙酰氯用前需重蒸后再使用。

⑧放热反应剧烈，产生大量白雾，若白雾太大可暂停滴加，等白雾基本上消失后再继续滴加。

⑨不要拆除干燥管，室温下放置过夜可使反应完全，但必须保证没有水汽进入。

【思考题】

1. 烯胺的酰基化反应要求无水操作，原因是什么？

2. 如果在烯胺类反应中不用吗啉，你认为可用其他什么试剂？请写出反应产物。

3. 用金属钠处理三乙胺时，应注意什么？

4. 反应中加入三乙胺的目的是什么？

实验十六 苯亚甲基苯乙酮的制备

【实验目的】

1. 掌握羟醛缩合反应的原理及应用。
2. 掌握苯亚甲基苯乙酮的制备方法。

【实验原理】

$$C_6H_5CHO + CH_3\overset{O}{\overset{\|}{C}}C_6H_5 \xrightarrow{NaOH} [C_6H_5\overset{OH}{\overset{|}{C}}HCH_2\overset{O}{\overset{\|}{C}}C_6H_5] \xrightarrow{-H_2O} \underset{C_6H_5}{\overset{H}{>}}C=C\underset{H}{\overset{\overset{O}{\overset{\|}{C}}-C_6H_5}{<}}$$

【实验步骤】

在装有球形冷凝管、温度计和滴液漏斗的 100ml 三颈瓶中,加入 6ml 95% 乙醇、2.5ml(0.02mol)苯乙酮和 10ml 10% 氢氧化钠溶液。开启磁力搅拌,水浴冷却下,由滴液漏斗缓慢滴加 2.1ml(0.02mol)苯甲醛[①],控制滴加速度,使反应温度保持在 25°C 以下[②]。滴加完毕,保持反应温度在 20~25°C,搅拌 45min。然后将反应液置于冰水浴中搅拌 20min,有结晶出现。搅拌下,向三颈瓶中加入 30ml 水,促进结晶完全。过滤,用水(每次 10ml)洗涤产品至中性,挤压抽干,得苯亚甲基苯乙酮粗品[③]。

粗品用 95% 乙醇重结晶,每克粗品约需 4~5ml 溶剂[④]。得浅黄色片状结晶,熔点为 55~57°C[⑤]。

[注释]

①苯甲醛必须是新蒸馏过的。

②反应温度在 20~25°C 较为适宜。一般不高于 30°C,不低于 15°C。温度过高,副产物多,温度过低,产物发黏,不易过滤和洗涤。

③某些人对本品过敏,皮肤触及时发痒,使用时应注意。

④由于产物熔点低,重结晶回流时,有时产品呈熔融状,因此必须加入溶剂使其呈均相。

⑤产物存在 2 种构型。E 构型为淡黄色棱状晶体,熔点 58°C;Z 构型为淡黄色晶体,熔点 45~46°C。而合成的混合体为淡黄色斜方或棱形结晶,熔点 55~57°C。

【思考题】

1. 本实验中可能发生哪些副反应?采取什么措施可尽量避免副产物的生成?
2. 本实验中,苯甲醛和苯乙酮的羟醛加成产物为什么不稳定会立即失水?

实验十七　二苯基乙二酮的制备

【实验目的】

掌握二苯基乙二酮的制备原理和方法。

【实验原理】

安息香很容易被硝酸、硫酸铜、醋酸铜氧化为二苯基乙二酮。用浓硝酸氧化与用醋酸铜氧化收率相近，但用浓硝酸氧化反应时间短，只需 12min，但是放出二氧化氮有毒气体对环境会产生污染。

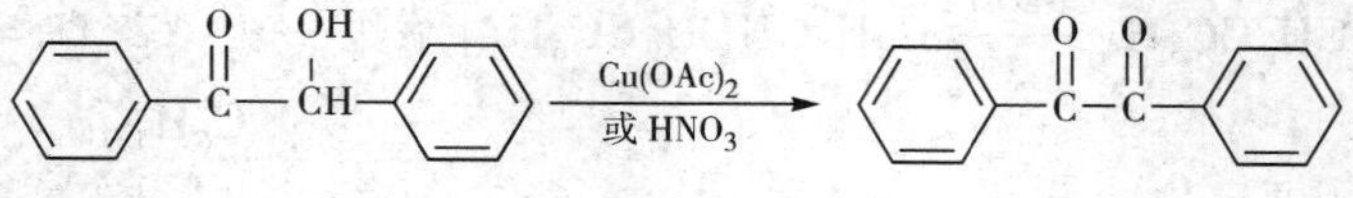

【实验步骤】

一、实验方法一

在 50ml 圆底烧瓶中加入 10ml 冰醋酸，5ml 水及醋酸铜 5g（0.04mol），安装冷凝器，小火边加热边振摇，至沸腾，稍冷，加入 2.1g（0.01mol）安息香，继续回流 45min，瓶中白色固体逐渐消失，并产生金属铜沉淀。加入 25ml 水，再次加热至沸腾，趁热过滤，滤液充分冷却，析出黄色沉淀，抽滤，用冷水洗沉淀至不再有铜离子的蓝色。用 95% 乙醇重结晶，得黄色针状结晶约 1.5g，熔点 94～95℃。

纯二苯基乙二酮的熔点为 95℃。

本实验约需 3～4h。

二、实验方法二

在 50ml 圆底烧瓶中加入 2.1g（0.01mol）安息香和 7ml（0.15mol）浓硝酸，安装冷凝器，在冷凝管上口连接气体吸收装置，用稀碱吸收放出的二氧化氮气体。将烧瓶在 100℃ 左右边加热边振摇，持续 10～12min，固体逐渐溶解，生成油状物。用冷水浴冷却反应液后，自冷凝管上端加入 30ml 冰水，即有黄色结晶析出，用冰浴充分冷却使结晶析出完全。抽滤，用少量水洗去残留硝酸，干燥，用 95% 乙醇重结晶，得黄色针状结晶约 1.5g，熔点 94～95℃。

本实验约需 3～4h。

［注释］

方法一中为节省醋酸铜，可改进为催化量的醋酸铜，再加入硝酸铵将反应生成的亚铜盐重新氧化成铜盐，硝酸铵被还原为亚硝铵，后者在反应条件下分解为氮气和水，不影响产率及纯度。

【思考题】

从结构特点出发说明二苯基乙二酮为什么呈黄色结晶？

实验十八 安息香的制备

【实验目的】

1. 掌握安息香缩合反应的原理和应用。

2. 掌握维生素 B_1 作为催化剂合成安息香的实验方法。

【实验原理】

芳香醛在氰离子催化下会发生双分子缩合反应，生成 α - 羟基酮。由苯甲醛缩合生成的二苯羟乙酮又称安息香，因此这类反应又称安息香缩合反应。由于氰化物是剧毒品，采用维生素 B_1 代替氰化物作为催化剂仍可取得较好的收率。

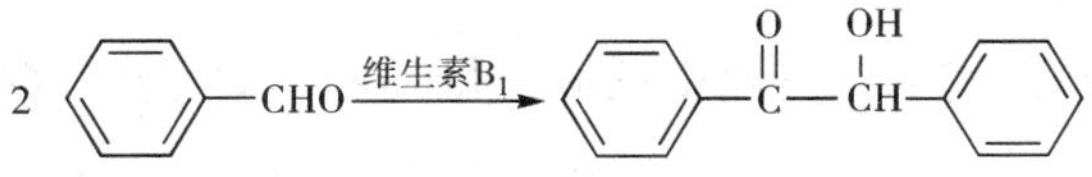

【实验步骤】

于 50ml 圆底烧瓶中加入 0.9g（0.0034mol）维生素 B_1[①]、2ml 水及 7ml 95% 乙醇，溶解后将烧瓶置于冰浴中冷却；另取 2.5ml10% 氢氧化钠于试管中同样置于冰浴中冷却，10min 后，冷却下边振摇边将试管中的氢氧化钠溶液滴加到烧瓶中，调节反应液为 pH = 9 ~ 10。量取 5ml（5.2g，0.05mol）新蒸苯甲醛[②]加入上述反应液中，于烧瓶中加入沸石，装上回流冷凝管，在 67 ~ 75℃[③]水浴上加热 1.5h 后，冷却至室温即有浅黄色结晶析出，在冷水浴中充分冷却使结晶析出完全[④]，抽滤，用 20ml 冷水分两次洗涤结晶，干燥，得粗品约 3g。可用 95% 乙醇重结晶[⑤]，得白色针状结晶约 2g，熔点 134 ~ 136℃。

纯安息香的熔点 137℃。

本实验约需 4h。

[注释]

①维生素 B_1 在碱性条件下，温度高时易开环失效，所以加碱前要在冰浴中充分冷却。

②苯甲醛最好用新蒸的，防止其中含有苯甲酸，与氢氧化钠发生反应。

③加热时控制好温度，不要加热到沸腾。

④若产物呈油状物析出，可重新加热使成均相，再缓慢冷却析晶。

⑤重结晶 1g 粗产品约需 95% 乙醇 6ml。

【思考题】

1. 氢氧化钠在缩合反应中发挥什么作用？理论用量是多少？

2. 为什么加入苯甲醛后，反应混合物的 pH 要保持 9 ~ 10？pH 过低会出现什么问题？

实验十九　苯甲酸的制备

【实验目的】

1. 掌握苯甲酸的制备原理及方法。
2. 掌握机械搅拌、重结晶等操作。

【实验原理】

在一般情况下，苯环的结构非常稳定，与氧化剂如稀硝酸、高锰酸钾、过氧化氢、铬酸等都不反应。若苯环上连有侧链且含有 α－氢原子，则侧链可被氧化。氧化时不论侧链是甲基还是其他带有 α－H 的烷基，都被氧化成羧基，生成苯甲酸或取代的苯甲酸，这个反应可用来制备芳香酸。

甲苯与高锰酸钾在沸腾的水溶液中反应，得到苯甲酸钾盐，酸化后得到苯甲酸：

$$PhCH_3 + KMnO_4 \rightarrow PhCO_2K + MnO_2 + H_2O$$

$$PhCO_2K + HCl \rightarrow PhCO_2H + KCl$$

氧化反应一般都是放热反应，为使反应能够平稳地进行，必须控制反应在一定的温度下进行。

【实验步骤】

在 250ml 三颈瓶的中间瓶口上安装机械搅拌，其余分别安装回流冷凝管和玻璃塞。将甲苯 3.6ml（0.034mol），水 150ml 及高锰酸钾 11.4g（0.072mol），一次加入三颈瓶中，搅拌加热至沸腾，并保持沸腾大约 1.5～2h。直至甲苯层几乎消失，回流液不再出现油珠，此时溶液的紫色全部褪去为止[1]。

将反应混合物用两层滤纸趁热抽滤，用少量热水洗涤滤渣（MnO$_2$），滤液冷却后在搅拌下慢慢加入浓盐酸酸化，至 pH 值为 2～3。

将析出的苯甲酸抽滤，用少量冷水洗涤，干燥，称重约为 2g。在水中进行重结晶[2]，得到白色晶体，熔点 124℃。

纯苯甲酸的熔点 122.4℃。

本实验约需 3～4h。

[注释]

①氧化反应进行完全时，反应液就不再有紫红色，但也有可能有稍过量的高锰酸钾，而使反应液仍呈紫红色，此时可酌加乙醇 1～2ml（绝不可太多）。温热片刻，紫色即可褪去。

②苯甲酸在不同温度时于 100ml 水中的溶解度为 0.18g（4℃），0.27g（18℃），2.2g（75℃）。

【思考题】

1. 除去少量剩余的 KMnO$_4$ 时加入的乙醇为什么不能过多？
2. 抽滤除去 MnO$_2$ 时，为什么要趁热抽滤？

实验二十 对硝基苯甲酸的制备

【实验目的】

掌握氧化反应的原理和对硝基苯甲酸的制备方法。

【实验原理】

羧酸是重要的有机化工原料。制备羧酸的方法很多，最常用的是氧化法，芳烃的侧链氧化是制备芳香族羧酸最重要的方法。常用的氧化剂有重铬酸钾－硫酸、高锰酸钾、硝酸、过氧化氢等。

【实验步骤】

向配有搅拌器、温度计和回流冷凝管的 250ml 三颈瓶中加入 6g（0.044mol）研碎的对硝基甲苯，18g（0.065mol）重铬酸钠和 20ml 水，然后向滴液漏斗中加入 30ml 浓硫酸。在搅拌下将滴液漏斗中的浓硫酸慢慢滴加到三颈瓶中。随着浓硫酸的加入，反应温度迅速上升，瓶内反应液颜色逐渐变深。为使反应温度不致过高①，必要时可用冷水浴冷却。浓硫酸大约在 30min 滴加完毕。然后在搅拌下加热回流 1h 使反应更加充分。反应完毕，冷却反应液。然后将反应液在搅拌下慢慢倒入盛有 60g 冰的烧杯中，有沉淀析出。抽滤，并用 20ml 的水分两次洗涤固体。将固体放入盛有 30ml 5% 硫酸的烧杯中，在沸水浴中加热以溶解铬盐。冷却，抽滤。再将固体转移至烧杯中，然后加入 30ml 水和 30ml 10% 的氢氧化钠水溶液，在 60℃ 水浴中加热进一步除去未反应的铬盐（生成氢氧化物沉淀）。抽滤，保留滤液。在充分搅拌下将滤液慢慢倒入盛有 20ml 浓硫酸和 30g 冰的烧杯中②，用 pH 试纸检验溶液是否为强酸性。否则需补加少量的酸，使溶液呈强酸性。冷却溶液，有结晶析出。抽滤，并用少量冷水洗涤结晶。干燥称重。粗品可用乙醇—水进行重结晶，产品为浅黄色片状晶，熔点 242℃。

纯对硝基苯甲酸的熔点 242℃。

本实验约需 4～6h。

[注释]

①反应温度过高会导致对硝基甲苯挥发而凝结在冷凝管的内壁上。

②不可反过来将硫酸加入到滤液中，否则生成的沉淀会包含一些钠盐影响产品的纯度。

【思考题】

本实验中如何对粗制的对硝基苯甲酸进行提纯？

实验二十一 壬二酸的制备

【实验目的】

1. 了解油脂水解制备羧酸的方法以及烯烃氧化制备羧酸的方法;
2. 掌握洗涤、过滤、结晶等操作。

【实验原理】

壬二酸是合成锦纶1010的原料之一,它可以由蓖麻油水解、氧化来制备。

$$蓖麻油 + KOH \xrightarrow{95\% 乙醇} CH_3(CH_2)_5CH(OH)CH_2CH \!\!=\!\! CH(CH_2)_7COOH$$

$$CH_3(CH_2)_5CH(OH)CH_2CH \!\!=\!\! CH(CH_2)_7COOH \xrightarrow{KMnO_4} HO_2C(CH_2)_7CO_2H$$

【实验步骤】

1. 蓖麻油的水解 在250ml圆底烧瓶中,加入5g氢氧化钾和50ml 95%乙醇所配成的溶液,然后将23g蓖麻油加到氢氧化钾的醇溶液中,放入沸石,装上回流冷凝管,加热回流2h,然后将溶液倒入150ml水中,用硫酸酸化[1],分离出来的有机层在分液漏斗中用50ml温水洗涤两次,分出上层,用无水硫酸镁干燥[2],得12-羟基-9-十八(碳)烯酸粗品20g。

2. 壬二酸的制备 将15g(0.05mol)干燥的12-羟基-9-十八(碳)烯酸溶于100ml水和4g氢氧化钾所配成的溶液中。在1000ml烧杯中放置39g高锰酸钾和300ml水,温热[3],将溶液搅拌以促使高锰酸钾溶解,当高锰酸钾全部溶解后,在剧烈搅拌下,将12-羟基-9-十八(碳)烯酸的碱性溶液一次性加入[4],温度很快升高,继续搅拌0.5h。在反应混合物中加入14ml硫酸(相对密度1.84,约25g)和50ml水所配成的溶液[5],在120℃加热15min,并趁热过滤[6]。过滤后,将滤渣放在烧杯中并用150ml水煮沸,以溶解可能沾附在二氧化锰上的壬二酸,趁热将混合物过滤,将滤液与趁热过滤得到的母液合并,蒸发、浓缩至200ml左右,然后用冰水冷却、过滤,并用30ml冰水洗涤二次,干燥得3g壬二酸。产物的熔点在97~104℃[7]。

纯壬二酸的熔点为106.5℃。粗制的壬二酸可用乙醇和水进行重结晶。

本实验约需8h。

[注释]

①所用硫酸浓度以硫酸与水之比为1:3(体积比)为宜。

②如不放置,可省掉用无水硫酸镁干燥这一步,直接进行氧化。

③可温热到40℃以促使高锰酸钾溶解。

④此时混合物会产生大量的泡沫,如果搅拌不够剧烈将影响产率。

⑤加酸时也有大量泡沫产生,酸可以分批加入。

⑥趁热过滤可以除去二氧化锰,否则,二氧化锰会成凝胶状,给过滤带来困难,同时影响产品产量。

⑦用蓖麻油水解、氧化制壬二酸,由于蓖麻油本身组分差异,因此产物的熔程

较长。

【思考题】

1. 蓖麻油的水解为什么要在氢氧化钾醇溶液中进行，而不在氢氧化钾水溶液中进行？

2. 为什么要将 12 – 羟基 –9 – 十八（碳）烯酸的碱性溶液一次性加到高锰酸钾中？

实验二十二　二苯基乙醇酸的制备

【实验目的】

掌握二苯基乙醇酸的制备方法。

【实验原理】

不少有机反应在反应的过程中伴随着官能团的位移或碳架的改变，这类反应称作重排反应。有机化学中涉及的重排反应类型很多。

二苯基乙二酮是一个不能烯醇化的 α – 二酮，当用碱处理时发生碳架的重排，得到二苯基乙醇酸（benzilic acid），称为二苯基乙醇酸重排。这一重排反应可普遍用于将芳香族 α – 二酮转化为芳香族 α – 羟基酸。某些脂肪族 α – 二酮也可以发生类似的反应。

二芳基邻二酮用碱处理能重排成羟基酸的盐，用酸酸化后生成芳香族羟基酸，这类反应称为二苯基乙二酮 – 二苯基羟基乙酸重排。

$$Ph-\overset{\underset{\|}{O}}{C}-\overset{\underset{\|}{O}}{C}-Ph \xrightarrow[C_2H_5OH,\ H_2O]{KOH} Ph-\overset{OH}{\underset{Ph}{C}}-CO_2K \xrightarrow{H_3O^+} Ph-\overset{OH}{\underset{Ph}{C}}-CO_2H$$

【实验步骤】

在 25ml 圆底烧瓶中用 3ml 水溶解 1.3g（0.0023mol）氢氧化钾，然后加入 4ml 95% 乙醇混合均匀后，再加入 1.3g（0.006mol）二苯基乙二酮，不断振荡至固体溶解。安装回流冷凝管，在水浴上加热 15min，至反应液由蓝紫色变为棕色[①]。加入 10ml 水和活性炭，脱色 10min，热过滤，冷却后滤液在搅拌下用浓盐酸调 pH =2。室温放冷，再用冰浴冷却。抽滤，用少量冷水洗晶体，干燥，粗品约 0.7g，用体积比为 3:1 的水 – 乙醇重结晶得无色晶体[②]，熔点 148～149℃。

纯二苯基乙醇酸的熔点为 150℃。

本实验约需 4h。

[**注释**]

①此时也可放置，让二苯基乙醇酸钾盐结晶析出，将滤出的结晶再溶解、脱色、酸化得到粗品。

②粗产品也可用苯重结晶。

二苯基乙醇酸也可由安息香直接与溴酸钠、氢氧化钠反应制得，但反应时间长，操作繁琐，不易控制。

【思考题】

写出由二苯基乙二酮合成二苯基乙醇酸的重排反应机理。

实验二十三　肉桂酸的制备

【实验目的】

1. 了解肉桂酸的制备原理和方法。
2. 掌握回流、水蒸气蒸馏等操作。

【实验原理】

利用 Perkin 反应，将芳醛与酸酐混合后在相应的羧酸盐存在下加热，可制得 α，β –不饱和酸。

$$PhCHO + (CH_3CO)_2O \xrightarrow[\text{或 }K_2CO_3]{CH_3COOK} \xrightarrow{\text{浓 HCl}} PhCH=CHCO_2H + CH_3CO_2H$$

【实验步骤】

一、实验方法一：用无水醋酸钾作缩合试剂

在 50ml 圆底烧瓶中加入苯甲醛（新蒸）[①]3.4ml（0.033mol）、醋酸酐（新蒸）[②]5ml（0.052mol）、2g 无水醋酸钾。在圆底烧瓶上口安装空气冷凝管，将此混合物小火加热回流 1.5h，使反应保持微沸状态。反应完毕后，将反应物趁热倒入 500ml 长颈圆底烧瓶中，用少量热水洗涤反应瓶，使反应物全部转移至长颈烧瓶中，加入 5~6g 碳酸钠，使溶液呈微碱性（pH = 8~9），进行水蒸气蒸馏至馏出液没有油珠为止。向残馏液中加入少量活性炭，煮沸数分钟后，趁热过滤。冷却滤液，搅拌下，向滤液中小心加入浓盐酸（约 10ml）至呈酸性（pH = 2~3）。冷却后抽滤，用少量冷水洗涤沉淀，得肉桂酸粗品，干燥，产量约 2.7g。可在热水或 3∶1 的水 – 乙醇中进行重结晶。

纯肉桂酸为白色片状结晶，熔点为 133℃[③]。

本实验约需 4~6h。

二、实验方法二：用无水碳酸钾作缩合试剂

在 50ml 圆底烧瓶中加入 3ml（0.03mol）苯甲醛（新蒸）、8ml（0.084mol）醋酸酐（新蒸）、4.2g 研细的无水碳酸钾，加热回流 0.5h。由于有二氧化碳放出，最初有泡沫产生。反应完毕后，将反应物冷却，向烧瓶中加入 20ml 水，将圆底烧瓶中的固体尽量捣碎后，转移至 500ml 长颈烧瓶中进行水蒸气蒸馏，至馏出液没有油珠为止。将长颈瓶冷却，加入 10% 氢氧化钠溶液 20ml，使生成的肉桂酸形成钠盐而溶解，再加入适量的水和少量的活性炭脱色，趁热过滤，待滤液冷却至室温后，在搅拌下，用浓盐酸酸化至溶液呈酸性。冷却，抽滤，用少量冷水洗涤沉淀。产量约 3g。

本实验约需 4h。

[注释]

①苯甲醛在空气中长期放置，由于自动氧化而生成较多量的苯甲酸，这会影响反应的进行，而且苯甲酸混在产品中不易除干净，影响产品的质量。

②醋酸酐放久了，会因吸潮和水解转变为乙酸。

③肉桂酸有顺反异构体，实验中制得的是反式异构体，熔点为135.6℃。

【思考题】

1. 水蒸气蒸馏前为什么调至溶液微碱性？

2. 水蒸气蒸馏的目的是什么？

3. 酸化时为什么将溶液调至酸性？调至中性可以吗？

实验二十四　苯氧乙酸的制备

【实验目的】

掌握 Williamson 合成法制备醚类化合物的原理和方法。

【实验原理】

苯氧乙酸属于芳基烷基醚，可通过 Williamson 合成法制备。

$$PhOH + NaOH \rightarrow PhONa + H_2O$$

$$2ClCH_2CO_2H + Na_2CO_3 \rightarrow 2ClCH_2CO_2Na + CO_2$$

$$PhONa + ClCH_2CO_2Na \rightarrow PhOCH_2CO_2Na + NaCl$$

$$PhOCH_2CO_2Na + HCl \rightarrow PhOCH_2CO_2H + NaCl$$

【实验步骤】

1. 苯酚钠的制备　向 100ml 的三颈瓶中加入 5.6g（0.060mol）固体苯酚，三颈瓶上配置搅拌器、回流冷凝管和温度计。水浴缓慢加热三颈瓶至 45℃，不断搅拌，苯酚逐渐熔化。

在搅拌下，缓慢滴加 40% 的氢氧化钠溶液，至反应混合物的 pH 为 12。水浴加热，约 30min，保持反应液温度为 45 ~ 50℃ 0.5h[①]。反应完毕，将三颈瓶冷却，待用。

2. 一氯乙酸钠的制备　向 100ml 烧杯中加入 6.2g（0.066mol）一氯乙酸和 10ml15% 的食盐水[②]，搅拌下分批缓缓加入固体碳酸钠约 4g[③]，控制加入速度，使反应混合物的温度不超过 40℃[④]，溶液的 pH 接近中性。再加入 25% 碳酸钠水溶液，将溶液的 pH 调至 7 ~ 8。如果有未溶解的固体，加热至 40℃。

3. 苯氧乙酸的制备　将配制好的一氯乙酸钠溶液加入盛有苯酚钠的三颈瓶中，撤去搅拌器，100 ~ 110℃ 加热反应 1h。

反应结束后，停止加热，将反应物趁热倒入烧杯中，冷却至室温。搅拌下加入浓盐酸约 10ml，调节 pH 为 1 ~ 2。冷却混合物，直至有结晶析出。抽滤，得苯氧乙酸粗产品。

　　向粗品中加入 20ml 20% 的碳酸钠水溶液，使粗品溶解，再将溶液转入分液漏斗中，每次用 10ml 乙醚萃取溶液两次，除去乙醚层，将水层倒入烧杯中。搅拌下，向水溶液中加入浓盐酸，调节 pH 为 1～2。冷却至结晶析出，抽滤，用少量冷水洗涤产品，干燥，得精制的苯氧乙酸。

　　纯苯氧乙酸的熔点为 98.5℃。

　　本实验约需 4h。

[注释]

　　①苯酚钠的生成是整个反应的关键，该反应一定要控制 pH 为 12，而且反应温度不能超过 50℃，但反应时间可长些，反应液的颜色一般为深米粉色较好。

　　②加入食盐水有利于抑制一氯乙酸的水解。

　　③用碱性较弱的碳酸钠溶液代替碱性较强的氢氧化钠溶液。

　　④中和反应超过 40℃时，一氯乙酸易发生水解。

【思考题】

1. 可否用苯酚和一氯乙酸直接制备苯氧乙酸？为什么？

2. 向苯氧乙酸粗品中加入碳酸钠溶液使其溶解，然后又加入乙醚的目的是什么？

实验二十五　对氯苯氧乙酸的制备

【实验目的】

1. 掌握对氯苯氧乙酸的制备方法。

2. 掌握搅拌、萃取和重结晶等操作。

【实验原理】

　　对氯苯氧乙酸又称为防落素，是一种植物生长调节剂，可以减少农作物落花落果，进一步氯代可以得到一个熟知的除草剂和植物生长调节剂——2,4-二氯苯氧乙酸。

　　苯环上的卤代是芳烃亲电取代反应之一。本实验通过浓盐酸加过氧化氢进行氯代反应，避免了直接使用卤素带来的危险和不便，其反应式如下：

$$\text{⟨benzene ring⟩}-OCH_2CO_2H + HCl/H_2O_2 \xrightarrow{FeCl_3} Cl-\text{⟨benzene ring⟩}-OCH_2CO_2H$$

【实验步骤】

　　在装有搅拌器、回流冷凝管和温度计的 100ml 三颈瓶中，加入 3.0g（0.02mol）苯氧乙酸和 10ml（0.175mol）冰醋酸，水浴加热至 55℃。搅拌下，加入 10mg $FeCl_3$ 和 10ml（0.12mol）浓 HCl。水浴温度升至 60～70℃时，在 10min 内，滴加 3ml 33% H_2O_2 溶液①。滴加完后，保温 20min，此时有部分固体析出。升温使固体全部溶解，将溶解后的溶液转移到烧杯中，缓慢冷却，析出结晶②。抽滤，用水洗涤，干燥，得到粗品对氯苯氧乙酸。将粗品对氯苯氧乙酸在 25% 乙醇水溶液（体积百分数）中重结晶，即得精品对氯苯氧乙酸。

纯对氯苯氧乙酸的熔点为 158~159℃。

本实验约需 4h。

[注释]

①HCl 勿过量，滴加 H$_2$O$_2$ 宜慢，严格控温，让生成的 Cl$_2$ 充分参与亲核取代反应。Cl$_2$ 有刺激性，特别是对眼睛、呼吸道和肺部器官。应注意操作勿使气体逸出，并注意开窗通风。

②若未见沉淀生成，可再补加 2~3ml 浓盐酸。

【思考题】

以苯氧乙酸为原料，如何制备对溴苯氧乙酸？可否用本法制备对碘苯氧乙酸？

实验二十六 4 - 对甲苯基 - 4 - 氧代丁酸的制备

【实验目的】

1. 掌握 Fridel - Crafts 酰基化制备芳酮的原理和方法。
2. 掌握酸气吸收装置的安装和使用。
3. 掌握水蒸气蒸馏的原理及操作和重结晶的操作。

【实验原理】

$$ CH_3 - \text{（苯环）} + \text{（丁二酸酐）} \xrightarrow{\text{无水 AlCl}_3} CH_3 - \text{（苯环）} - \overset{O}{\overset{\|}{C}} - CH_2CH_2COOH $$

【实验步骤】

在装有回流冷凝管、酸气吸收装置（包括干燥管）和温度计的干燥的 100ml 三颈瓶中，加入 16ml（0.15mol）甲苯和 2g（0.02mol）丁二酸酐（准确称量），冰水浴冷却，使反应液温度降至 10℃ 以下，开启磁力搅拌，一次加入 8g（0.06mol）无水 AlCl$_3$，使反应发生。待反应平稳，控温在 10℃ 以下，反应 30min。

在冰水浴冷却及搅拌下，将反应液缓缓倾倒入盛有 12ml 浓盐酸和 12g 冰混合物的烧杯中，使反应液水解完全。用 20ml 热水将水解后的溶液转移至 500ml 长颈烧瓶中，然后对上述混合液进行水蒸气蒸馏，以除去过量的甲苯。将蒸除甲苯后的剩余液转移至烧杯中，冰水浴冷却至室温，即有固体产生。抽滤，每次用 2~3ml 冷水洗涤两次，得到粗产品。

粗产品用 15% 乙醇重结晶。

纯 4 - 对甲苯基 - 4 - 氧代丁酸的熔点为 129℃。

【注意事项】

1. 反应所用仪器必须充分干燥，否则会影响反应顺利进行。反应装置中和空气相通的地方应安装干燥管。

2. 无水三氯化铝的质量是实验成败的关键之一。应注意称量投料要迅速，避免长时间暴露在空气中。

3. 正确安装氯化氢气体吸收装置并特别注意倒吸问题。

【思考题】

1. 为什么要使用干燥装置？
2. $AlCl_3$ 的用量应该如何计算？

实验二十七　邻苯甲酰基苯甲酸的制备

【实验目的】

1. 通过邻苯甲酰基苯甲酸的制备掌握利用 Friedel – Crafts 酰基化反应。
2. 掌握水蒸气蒸馏等基本操作。

【实验原理】

芳烃和活泼的含卤化合物（卤代烷或酰卤等）在无水 $AlCl_3$ 或其他 Lewis 酸的存在下会发生脱 HX 的反应，统称为 Friedel – Crafts 反应。

$$Ar – H + R – X \xrightarrow{AlCl_3} Ar – R + HX$$

$$Ar – H + R – COX \xrightarrow{AlCl_3} Ar – CO – R + HX$$

如以酸酐代替酰卤常常可得较好的结果，虽然酰化能力较弱，但价格较廉，副反应少，也没有窒息性的酰卤刺激气味等缺点，在烷基化反应中需要催化量的 $AlCl_3$，而在酰化反应中 $AlCl_3$ 至少要等摩尔量。

$$Ar – H + （R – CO）_2O \xrightarrow{AlCl_3} Ar – CO – R + RCOOH$$

邻苯甲酰基苯甲酸的合成反应：

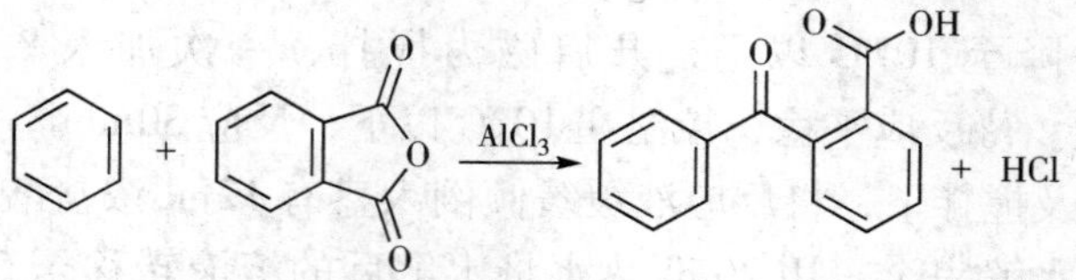

邻苯二甲酸酐用浓硫酸或多聚磷酸脱水环化成蒽醌，蒽醌是合成染料的中间体。

【实验步骤】

反应在一个装有回流冷凝管的圆底烧瓶中进行。加入 2.5g（0.017mol）磨成粉末的邻苯二甲酸酐及 15ml（0.017mol）经钠处理的干燥的纯苯。在一干燥有塞试管中，迅速称取 6g 无水 $AlCl_3$ 细粉。先向圆底烧瓶中加入 1/5 量的 $AlCl_3$，用 30～35℃温水温热则反应开始并有 HCl 气体逸出，移去水浴。分批加入剩下的 $AlCl_3$（约 10min），间断振摇。待剧烈反应平稳后，加热回流 1h。

冰水冷却，分批加入由 10g 冰和 12ml 浓盐酸配制的混合液，至反应液澄清。用水蒸气蒸馏以除去过量的苯后，冰浴冷却，有固体析出。过滤，再用少量冰水洗涤。将粗产品移入烧杯中，加 15ml 10% Na_2CO_3 水溶液，煮沸 10min 使之溶解成钠盐。放置片刻，加入少量活性炭，抽滤，用 5ml 热水洗涤。滤液放冷，滴加稀盐酸进行酸化，冷却，抽滤出生成的结晶，用少量冷水洗涤。产物经空气或在 60℃ 下干燥。测定熔点。

纯邻苯甲酰基苯甲酸无水物的熔点为 127℃。一水合物的熔点为 93～95℃。

【思考题】

本实验中可用其他什么试剂代替无水三氯化铝？

实验二十八 对氨基苯甲酸的制备

【实验目的】

1. 掌握对氨基苯甲酸的制备方法。

2. 掌握氨基保护的方法。

【实验原理】

对氨基苯甲酸是一种与维生素 B 有关的化合物（又称 PABA），它是维生素 B_{10}（叶酸）的组成部分。细菌把 PABA 作为组分之一合成叶酸，磺胺药则具有抑制这种合成的作用。

对氨基苯甲酸的合成涉及三个反应。第一步反应是将对甲苯胺用乙酸酐处理转变为相应的酰胺，这是一个制备酰胺的标准方法，其目的是在第二步高锰酸钾氧化反应中保护氨基，避免氨基被氧化，形成的酰胺在所用氧化条件下是稳定的。

第二步是对甲基乙酰苯胺中的甲基被高锰酸钾氧化为相应的羧基。氧化过程中，紫色的高锰酸盐被还原成棕色的二氧化锰沉淀。鉴于溶液中有氢氧根离子生成，故要加入少量的硫酸镁作缓冲剂，使溶液碱性不致太强而使酰氨基水解。反应产物是羧酸盐，经酸化后可使生成的羧酸从溶液中析出。

最后一步是酰胺水解，除去发挥保护作用的乙酰基，此反应在稀酸溶液中很容易进行。

$$p-CH_3C_6H_4NH_2 \xrightarrow[CH_3CO_2Na]{(CH_3CO)_2O} p-CH_3C_6H_4NHCOCH_3 + CH_3COOH$$

$$p-CH_3C_6H_4NHCOCH_3 + 2KMnO_4 \rightarrow p-CH_3CONHC_6H_4CO_2K + 2MnO_2 + KOH$$

$$p-CH_3CONHC_6H_4CO_2K + H_3O^+ \rightarrow p-CH_3CONHC_6H_4CO_2H$$

$$p-CH_3CONHC_6H_4CO_2H + H_2O \rightarrow p-NH_2C_6H_4CO_2H + CH_3CO_2H$$

【实验步骤】

1. 对甲基乙酰苯胺 在 250ml 烧杯中，加入 3.8g（0.035mol）对甲苯胺，88ml 水和 3.8ml 浓盐酸，加热（水浴上温热）搅拌至对甲苯胺完全溶解。若溶液颜色较深，可加适量的活性炭脱色后过滤。另取 6g（0.044mol）三水合醋酸钠于小烧杯中[①]，加于 10ml 水，稍加热搅拌使其溶解。

将盐酸对甲苯胺溶液加热至 50℃，加入 4ml（0.0425mol）醋酸酐，搅拌下立即加入预先配好的醋酸钠溶液。充分搅拌后，将混合物置于冰浴中冷却，有对甲基乙酰苯胺白色固体析出。抽滤，用少量冷水洗涤，干燥后称重，产量约 7.5g。

纯对甲基乙酰苯胺的熔点为 154℃。

2. 对乙酰氨基苯甲酸 将上述制得的对甲基乙酰苯胺固体（约 3.75g）转移到 250ml 三颈瓶中，三颈瓶上配置机械搅拌器、球形冷凝管和温度计，加入 10g（0.04mol）七水合结晶硫酸镁②、10g（0.063mol）高锰酸钾和 150ml 水，机械搅拌下，将混合物缓慢加热至 85℃，保持该温度反应 25min。

混合物变成深棕色，用高锰酸钾点滴试验检查高锰酸钾是否反应完全。若滤液呈紫色，可加入 2~3ml 乙醇直至紫色消失，趁热用两层滤纸抽滤，除去二氧化锰沉淀，并用少量热水洗涤二氧化锰。

冷却无色滤液，加 20% 硫酸酸化至 pH 为 2，有白色固体生成，抽滤，洗涤，干燥后得到对乙酰基苯甲酸，约 5~6g。湿产品可直接进行下一步合成。

3. 对氨基苯甲酸 称量上步得到的对乙酰氨基苯甲酸，每克产物用 8ml 18% 的盐酸进行水解。将反应物置于 100ml 圆底烧瓶中，加热，缓慢回流 30min。待反应物冷却后，转移到烧杯中，加入 15ml 冷水，水浴冷却，然后用 10% 氨水（约 25ml）中和，至 pH 为 4~5，有黄色固体析出。切勿使氨水过量。充分振摇后置于冰浴中骤冷以引发结晶，必要时用玻棒摩擦瓶壁或放入晶种引发结晶。抽滤收集产物，并用少量冷水洗涤两次，干燥后以对甲苯胺为标准计算反应总产率，测定产物熔点③。

纯对氨基苯甲酸的熔点为 173℃。实验得到的熔点略低一些。

本实验约需 6~8h。

[注释]

①对甲苯胺用乙酸酐酰化时，常伴有二乙酰胺副产物的生成。因此，加入醋酸钠，使反应在醋酸-醋酸钠的缓冲溶液中进行酰化。由于酸酐的水解速度比酰化速度慢得多，因此可以得到高纯度产物。

②高锰酸钾氧化对甲基乙酰苯胺时，溶液中有氢氧根离子生成。因此要加入少量硫酸镁作为缓冲剂，使溶液碱性变得不至于太强而使酰胺结构发生水解。

③对氨基苯甲酸不必重结晶，对产物重结晶的各种尝试均未获得满意的结果。

【思考题】

1. 对甲苯胺用醋酸酐酰化反应中加入醋酸钠的目的是什么？

2. 对甲乙酰苯胺用高锰酸钾氧化时，为什么要加入硫酸镁结晶？

3. 在氧化步骤中，若滤液有色，需趁热加入少量乙醇，发生了什么反应？

4. 在最后水解步骤中，用氢氧化钠溶液代替氨水中和，可以吗？中和后加入醋酸的目的是什么？

实验二十九　香豆素－3－羧酸的制备

【实验目的】

1. 掌握克脑文格尔（Knoevenagel）缩合反应及其应用。
2. 掌握利用酯水解法制羧酸的方法。

【实验原理】

香豆素化学名为1,2－苯并吡喃－2－酮，最早是从香豆的种子中分离出，后来发现许多天然植物的精油中都含有香豆素。许多香豆素衍生物是中草药的有效成分，具有药理作用，还可以作为农药及杀虫剂。香豆素和它的一些衍生物也是日用化学工业中的重要香料，还可用于橡胶制品和塑料制品。

本实验采用 Knoevenagel 反应合成香豆素类化合物。邻羟基苯甲醛（水杨醛）和丙二酸二乙酯在哌啶的催化作用下经 Knoevenagel 反应先生成香豆素－3－羧酸乙酯，再加 KOH 水解使得分子中酯基水解，然后加酸再次关环内酯化即生成香豆素－3－羧酸。

【实验步骤】

1. 香豆素－3－羧酸乙酯的制备　在干燥的50ml圆底烧瓶中，加入邻羟基苯甲醛（水杨醛）2ml（2.3g，0.0019mol）、丙二酸二乙酯3.2ml（3.3g，0.0021mol）、无水乙醇12ml、哌啶0.2ml和1滴冰醋酸[①]，再加入几粒沸石，在烧瓶上安装球形冷凝管，冷凝管顶端加干燥管。加热回流1.5h。稍冷，将反应物转移至盛有14ml水的烧杯中，冰水浴中冷却至结晶完全。抽滤。取5ml水和5ml 95%乙醇，于10ml量筒中混匀，用于洗涤抽滤的样品2次[②]。干燥后得白色结晶约2~3g，熔点92~93℃。可用25%乙醇重结晶。

纯香豆素－3－羧酸乙酯的熔点为93℃。

2. 香豆素－3－羧酸的制备　在50ml圆底烧瓶中加入香豆素－3－羧酸乙酯2g（0.009mol）、氢氧化钾1.5g（0.0027mol）、95%乙醇10ml和水5ml，加入几粒沸石，装上冷凝器，水浴加热回流15min，稍冷后，边搅拌边将反应液倒入盛有浓盐酸5ml，水25ml的烧杯中，立即析出大量白色结晶。加完后，将烧杯置于冰浴中冷却，使结晶析出完全，抽滤，用少量冰水洗结晶，干燥后称重约为1.5g。产品可用水重结晶。

纯香豆素－3－羧酸的熔点为190℃。

本实验约需6~8h。

[注释]

①反应中加入哌啶和少量冰醋酸，邻羟基苯甲醛与哌啶在酸催化下先形成亚胺基化合物，再与丙二酸二乙酯的碳负离子发生反应。

②配成50%乙醇水溶液，可降低乙醇对香豆素－3－羧酸乙酯的溶解度，避免产品损失。

【思考题】

羧酸盐在酸化得羧酸沉淀析出的操作中，应如何避免酸的损失？如何提高酸的纯度？

实验三十　苯甲醇和苯甲酸的制备

【实验目的】

1. 掌握康尼扎罗（Cannizzaro）反应的原理及其应用。
2. 掌握高沸点蒸馏的操作方法。

【实验原理】

没有 α －活泼氢的芳醛与浓的强碱溶液作用时，发生自身氧化还原反应，1 分子醛被还原为醇，另 1 分子醛被氧化为酸。通常使用30%～50%的浓氢氧化钠溶液，其中碱的物质的量比醛的物质的量多 1 倍以上，否则反应不完全，未反应的醛与生成的醇混在一起，通过一般蒸馏很难分离。

$$2C_6H_5CHO + KOH \rightarrow C_6H_5CH_2OH + C_6H_5COOK$$

$$\downarrow H^+$$

$$C_6H_5COOH$$

【实验步骤】

在 125ml 锥形瓶中，加入 18g（0.32mol）氢氧化钾和 18ml 水，振摇或搅拌，使之溶解。冷至室温后，加入 20ml（21g，0.2mol）新蒸过的苯甲醛，用橡皮塞塞紧瓶口，用力振摇，使反应物充分混合，直至成为白色糊状物。放置 24h 以上。

振摇下，向反应混合物中逐渐加入适量的水，直至苯甲酸盐全部溶解。将溶液转入分液漏斗中，用乙醚萃取（20ml×3），合并乙醚萃取液，依次用 5ml 饱和亚硫酸氢钠溶液、10ml10% 碳酸钠溶液及 10ml 水洗涤，最后用无水硫酸镁或无水碳酸钾干燥。

滤出干燥剂，热水浴常压蒸馏回收乙醚，然后用高沸点蒸馏装置加热蒸馏苯甲醇，收集 204～206℃馏分，称重约 8g，测定折光率。

纯苯甲醇为无色透明液体，沸点为 205.31℃，n_D^{20} 为 1.5396。

搅拌下，向乙醚提取后的水溶液中，慢慢加入浓盐酸至 pH 为 2～3，结晶析出。自然冷却，抽滤，用少量冷水洗涤产品 1～2 次。干燥后的粗产品用水重结晶，得白色晶体，干燥后称重约 8～9g，测定熔点。

纯苯甲酸熔点为 122.4℃。

本实验约需 6～8h。

【思考题】

1. 如何利用康尼扎罗反应将苯甲醛完全转变为苯甲醇?
2. 本实验可能有哪些副反应?

实验三十一　呋喃甲醇和呋喃甲酸的制备

【实验目的】

1. 掌握康尼扎罗 (Cannizzaro) 反应的原理及其应用。
2. 掌握高沸点蒸馏、蒸馏、重结晶、萃取等基本操作。

【实验原理】

Cannizzaro 反应是指不含 α - 活泼氢的醛,在强碱存在下,进行自身的氧化还原反应,1 分子醛被氧化成酸,另 1 分子醛被还原为醇。呋喃甲酸和呋喃甲醇可以通过呋喃甲醛和氢氧化钠作用来制备。

【实验步骤】

将 11ml (0.133mol) 新蒸的呋喃甲醛置于干燥的 25ml 锥形瓶中。另取一个 50ml 烧杯,加入 8ml 水,边搅拌边缓缓加入 5.4g (0.133mol) 氢氧化钠,溶解后,再用冰水浴冷却至室温。

搅拌下用滴管将呋喃甲醛缓慢地滴加到盛有氢氧化钠溶液的烧杯中,控制反应温度在 10 ~ 15℃[①]之间,不得超过 20℃。滴加时间控制在约 30min,滴加完后,继续搅拌 10min,以保证反应完全,得到米黄色浆状物[②]。

搅拌下,向浆状物中逐渐加入适量的水,使固体恰好完全溶解 (约 14ml),此时溶液呈暗红色。将溶液转移到分液漏斗中,用 15ml、10ml、10ml 乙醚分 3 次萃取,合并乙醚萃取液,置于 50ml 锥形瓶中,加无水碳酸钾干燥。

将干燥剂过滤除去,水浴蒸馏回收乙醚[③],将余下的液体转移至高沸点蒸馏装置中,收集 169 ~ 172℃ 的馏分,得到无色透明的呋喃甲醇,称重约 3.5 ~ 5.5g,测定折光率。

纯呋喃甲醇为无色透明液体,沸点为 171℃,n_D^{20} 为 1.4868。

将乙醚提取后的水溶液转移到烧杯中,水浴冷却,搅拌下缓缓加入浓盐酸酸化至 pH 为 2 ~ 3 (约需 10ml),冷却,有结晶析出。抽滤,用少量冷水洗涤产品 1 ~ 2 次。干燥后的粗产品用水重结晶[④],得白色针状呋喃甲酸,干燥后称重约 5g,测定熔点。

纯呋喃甲酸熔点为 133 ~ 134℃。

本实验约需 6 ~ 8h。

[注释]

①反应温度若高于 15℃，则温度极易升高而难以控制，致使副产物急剧增加，反应液变成深红色；若温度低于 10℃，则反应过慢，氢氧化钠不能及时与呋喃甲醛反应掉而造成积累，一旦发生反应，就会过于猛烈而使温度迅速升高。

在整个反应过程中，必须不断搅拌，因为歧化反应是一个两相反应。

在同样条件下，也可采取反加的方式，即将氢氧化钠溶液滴加到呋喃甲醛中，产率相仿。

②若期间反应液变成黏稠物而无法搅拌时，可停止搅拌进行下一步操作。

③蒸馏前烧好热水或自带热水，蒸馏时要关闭一切火源。

④呋喃甲酸重结晶时，不要长时间加热回流，否则部分呋喃甲酸会被分解，出现焦油状物。

【思考题】

1. 在操作过程中怎样控制反应温度？

2. 为什么要等氢氧化钠溶解后，再用冰水冷却？

3. 在操作过程中，如果用于冷却的冰水过多，不慎进入反应液中，会有什么结果？

4. 浆状物中加水过量会有什么后果？

5. 为什么用乙醚萃取呋喃甲醇，原理是什么？

6. 乙醚提取后的水溶液为什么要酸化到 pH 为 2 ~ 3？酸化到中性可以吗？酸化到 pH 为 1 可以吗？

实验三十二 乙酸乙酯的制备

【实验目的】

1. 掌握酯化反应的基本原理和乙酸乙酯的制备方法。

2. 掌握分液漏斗的使用方法和蒸馏操作。

【实验原理】

在浓硫酸催化下，乙酸和乙醇生成乙酸乙酯：

$$CH_3COOH + CH_3CH_2OH \xrightarrow{H_2SO_4} CH_3COOCH_2CH_3 + H_2O$$

为了提高酯的产量，本实验采取加入过量乙醇及不断把反应中生成的酯和水蒸出的方法。在工业生产中，一般采用加入过量的乙酸，以便使乙醇转化完全，避免由于乙醇和水及乙酸乙酯形成二元或三元恒沸物给分离带来困难。

【实验步骤】

在 100ml 圆底烧瓶中，加入 14.3ml 冰醋酸（0.25mol）和 23ml 乙醇（0.394mol），在摇动下慢慢加入 7.5ml 浓硫酸，混合均匀后加入几粒沸石，装上回流冷凝管。在水浴上加热回流 0.5h。稍冷后，改为蒸馏装置，在水浴上加热蒸馏，直至无馏出物馏出为止，得粗乙酸乙酯。在摇动下慢慢向粗产物中滴入饱和碳酸钠水溶液数滴，使有机层呈中性为止（用 pH 试纸测定）。将液体转入分液漏斗中，摇振后静置，分去水相，有机层用 10ml 饱和食盐水洗涤后[①]，再每次用 10ml 饱和氯化钙溶液洗涤两次。弃去下层液，酯层转入干燥的锥形瓶，用无水硫酸镁干燥[②]。

将干燥后的粗乙酸乙酯滤入 50ml 蒸馏瓶中，在水浴上进行蒸馏，收集 73～78℃馏分[③]，产量 10～12g。

纯乙酸乙酯的沸点为 77.06℃，n_D^{20} 为 1.3727。

本实验约需 4～6h。

[注释]

①碳酸钠必须洗去，否则下一步用饱和氯化钙溶液洗乙醇时，会产生絮状的碳酸钙沉淀，造成分离的困难。为减少酯在水中的溶解度（每 17ml 水溶解 1ml 乙酸乙酯），故此处用饱和食盐水洗涤。

②由于水与乙醇、乙酸乙酯形成二元或三元恒沸物，故在未干燥前已是清亮透明溶液，因此，不能以产品是否透明作为是否干燥好的标准，而应以干燥剂加入后吸水情况而定，并放置 30min，其间要不时摇动。若洗涤不净或干燥不够时，会使沸点降低，影响产率。

③乙酸乙酯与水或醇形成二元和三元共沸物的组成及沸点如表 3-1。

表 3-1　乙酸乙酯与水或醇形成二元和三元共沸物的组成及沸点

沸点（℃）	组成（%）		
	乙酸乙酯	乙醇	水
70.2	82.6	8.4	9.0
70.4	91.9		8.1
71.8	69.0	31.0	

【思考题】

1. 酯化反应有什么特点，本实验如何创造条件促使酯化反应尽量向生成物方向进行？

2. 本实验可能有哪些副反应？

3. 如果采用醋酸过量是否可以？为什么？

实验三十三　乙酸正丁酯的制备

【实验目的】

1. 掌握酯化反应原理及乙酸正丁酯的制备方法。

2. 学习和掌握分水器的使用方法。

【实验原理】

本实验利用乙酸和正丁醇在浓硫酸催化下进行酯化的方法来制备乙酸正丁酯。为了使反应进行彻底，采用将反应中产生的水移除的方法，从而使反应平衡向产物方向移动。

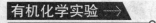

$$CH_3COOH + CH_3CH_2CH_2CH_2OH \xrightarrow{H_2SO_4} CH_3COOCH_2CH_2CH_2CH_3 + H_2O$$

【实验步骤】

在干燥的 100ml 圆底烧瓶中，加入 11.5ml（0.13mol）正丁醇和 7.2ml（0.13mol）冰醋酸，再加入 3~4 滴浓硫酸①。混合均匀，投入沸石，然后安装分水器和回流冷凝管，并在分水器中预先加水至略低于支管口。然后加热至回流，反应一段时间后把反应产生的水逐渐分去②，保持分水器中水层液面在原来的高度。约 40min 后不再有水生成，表示反应完毕。停止加热，记录分出的水量③。冷却后卸下回流冷凝管，把分水器中分出的酯层和圆底烧瓶中的反应液一起倒入分液漏斗中。用 10ml 水洗涤，分去水层。酯层用 10ml 10% 碳酸钠溶液洗涤，分去水层。将酯层再用 10ml 水洗涤一次，分去水层。将酯层倒入小锥形瓶中，加无水硫酸钠干燥。

将干燥后的有机层倒入 50ml 圆底烧瓶中，加热蒸馏，收集 124~126℃ 的馏分。称重，计算收率，测定折光率。

纯乙酸正丁酯是无色液体④，沸点为 126.5℃，n_D^{20} 为 1.3941。

[注释]

①浓硫酸在反应中起催化作用，故只需要少量。

②本实验利用恒沸混合物除去酯化反应中生成的水。正丁醇、乙酸正丁酯和水可能形成以下几种恒沸混合物（表 3-2）。

表 3-2　正丁醇、乙酸正丁酯和水可能形成的恒沸混合物

恒沸混合物		沸点/℃	组成（重量%）		
			乙酸正丁酯	正丁醇	水
二元	乙酸正丁酯-水	90.7	72.9		27.1
	正丁醇-水	93.0		55.5	44.5
	乙酸正丁酯-正丁醇	117.6	32.8	67.2	
三元	乙酸正丁酯-正丁醇-水	90.7	63.0	8.0	29.0

③根据分出的总水量（注意扣除预先加到分水器中的水量），可以粗略地估计酯化反应完成的程度。

④产物的纯度可以用气相色谱检查。用邻苯二甲酸二壬酯为固定液，柱温和检测温度为 100℃，汽化温度为 150℃，热导检测器，氢气为载气，流速为 45ml/min。

【思考题】

1. 本实验是根据什么原理来提高乙酸正丁酯的产率的？

2. 反应完全时应该能分出多少水？

实验三十四　苯甲酸乙酯的制备

【实验目的】

1. 掌握酯化反应原理及苯甲酸乙酯的制备方法。

2. 掌握水分离器的使用方法。

【实验原理】

本实验由苯甲酸和乙醇在浓硫酸催化下直接酯化制备苯甲酸乙酯。根据反应式，采用苯带水的方法将反应生成的水带走，使平衡向右移动，反应进行完全。

【实验步骤】

一、实验方法一

在 50ml 圆底烧瓶中加入苯甲酸 4g（0.033mol）、无水乙醇（99.5%）10ml（0.17mol）、8ml 苯和 1.5ml 浓硫酸，摇匀后加入沸石。在分水器放水口一端加苯至支管处。将分水器安装在圆底烧瓶上，分水器上口安装球形冷凝管，水浴加热至沸腾，馏出液开始进入分水器，控制加热速度，防止形成液泛。分水器中的液体逐渐分为两层[①]，当反应进行 2~3h 后，下层液体的量大约为 1.5ml 时，将分水器中的液体放出，继续加热至圆底烧瓶中的苯和乙醇蒸完。将烧瓶中残液倒入盛有 30ml 冷水的烧杯中，搅拌下逐步加入碳酸钠粉末[②]，直至不再有 CO_2 产生（pH 为 7）。转移至分液漏斗中，分出有机层，水层用 10ml 乙醚萃取，醚层与有机层合并，加入无水氯化钙干燥，滤出干燥剂，先用水浴蒸除乙醚，残液转移至高沸点蒸馏瓶中，加热蒸馏，收集 210~213℃的馏分，称重，计算收率，测定折光率。

纯苯甲酸乙酯的沸点为 213℃，n_D^{20} 为 1.5001。

本实验约需 4~6h。

二、实验方法二

在 50ml 圆底烧瓶中加入苯甲酸 4g（0.033mol），无水乙醇（99.5%）10ml（0.17mol）和 1.5ml 浓硫酸，摇匀后加入沸石。安装球形冷凝管，水浴加热回流 2h 后，将回流装置改成蒸馏装置，补加沸石，在沸水浴上加热蒸出未反应的乙醇，残余物按方法一处理。

本实验约需 4~6h。

[注释]

①根据计算生成的总水量约 0.6g，通过与苯、乙醇形成共沸物带走。由反应瓶中蒸出的馏液为三元共沸物（沸点为 64.8℃，含苯 74.1%，乙醇 18.5%，水 7.4%）。它从冷凝管流入分水器后分为两层，上层占 84%（含苯 86.0%，乙醇 12.7%，水 1.3%），下层占 16%（含苯 4.8%，乙醇 52.1%，水 43.1%），所以共沸物下层的总体积约为 1.5ml。

②碳酸钠可除去硫酸和未反应的苯甲酸，如加入速度过快，产生的二氧化碳会形成大量泡沫溢出。

【思考题】

1. 实验中采用什么方法来提高反应的收率？
2. 何种反应物是过量的？为什么？

实验三十五　对氨基苯甲酸乙酯的制备

【实验目的】

1. 了解硝基还原反应和酯化反应的原理和方法。
2. 了解反应中和剂的选择原则。

【实验原理】

对氨基苯甲酸乙酯（苯佐卡因）是根据可卡因的结构和药理作用进行结构简化而合成的局部麻醉药。实验室中以对硝基苯甲酸为起始原料经还原反应、酯化反应来制备。

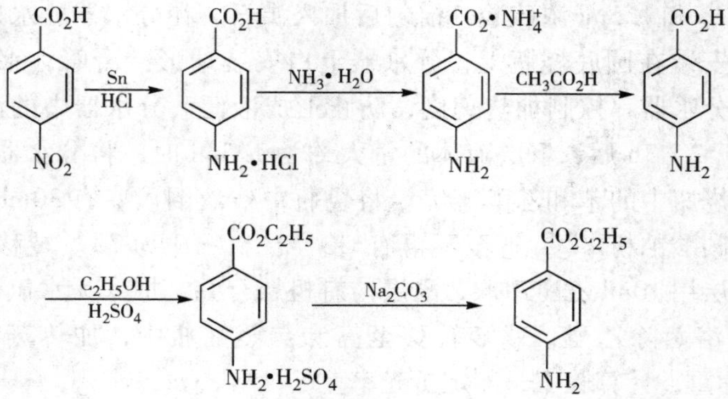

【实验步骤】

1. 对氨基苯甲酸的制备　在 100ml 圆底烧瓶中加入 4g（0.02mol）对硝基苯甲酸，9g（0.08mol）锡粉和 20ml（0.25mol）浓盐酸，装上回流冷凝管，小火加热 20～30min，大部分锡粉均已参与反应，反应液呈透明状，稍冷，将反应液倾入 250ml 烧杯中，留存的锡粉用 4ml 水洗涤一次，洗液也倾入烧杯中，加入浓氨水，直至溶液 pH 为 7～8。滤去析出的氢氧化锡沉淀[①]。向滤液中滴加冰醋酸至有白色固体析出为止，冷却，抽滤，在空气中晾干，称重。

2. 对氨基苯甲酸乙酯的制备　在干燥的 100ml 圆底烧瓶中加入 2g（0.015mol）对氨基苯甲酸，20ml（0.34mol）无水乙醇和 2.5ml（0.045mol）浓硫酸[②]，混合均匀后加入沸石并装上冷凝管，水浴加热回流 1～1.5h。将反应液趁热倒入装有 85ml 冷水的 250ml 烧杯中，在不断搅拌下加入碳酸钠固体粉末至液面有少许白色沉淀出现时，慢慢加入 10% 碳酸钠溶液，使溶液呈中性，滤集沉淀，少量水洗涤固体，空气中晾干。产量 1～2g。

对氨基苯甲酸乙酯纯品为白色针状晶体，熔点 92℃。

本实验约需 10～12h。

[**注释**]

①锡在还原作用中最终变成四氯化锡，它也溶于水。但加入浓氨水至碱性后，四

氯化锡变成氢氧化锡沉淀可被滤去，而对氨基苯甲酸与盐酸形成铵盐仍溶于水。

②加浓硫酸时要慢，且不断振荡烧瓶使之在反应液中分散均匀，以防加热后引起碳化。

【思考题】

1. 如何判断还原反应已经结束？为什么？

2. 酯化反应后为什么先用固体碳酸钠中和，再用 10% 碳酸钠中和反应液？

实验三十六　乙酰乙酸乙酯的制备

【实验目的】

1. 掌握 Claisen 酯缩合反应的原理及方法

2. 掌握无水操作条件下的合成技术。

3. 掌握减压蒸馏基本操作技术。

【实验原理】

含 α–活泼氢的酯在碱的作用下，能与另一分子的酯发生缩合反应，生成 β–羰基酸酯。乙酰乙酸乙酯就是通过这一反应来制备的。当用金属钠作缩合剂时，钠会与乙酸乙酯中残留的少量乙醇作用产生醇钠。一旦反应开始，乙醇就可以不断生成并和金属钠继续作用，从而满足反应所需的碱。如果使用高纯度的乙酸乙酯和金属钠反而不能发生缩合反应。

$$2CH_3CO_2C_2H_5 \xrightarrow[\ C_2H_5OH\ ]{\ Na\ } [CH_3COCHCO_2C_2H_5]^-Na^+ \xrightarrow{\ H_3O^+\ } CH_3COCH_2CO_2C_2H_5 + C_2H_5OH$$

【实验步骤】

在装有球形冷凝管的 100ml 圆底烧瓶中加入 2.5g（0.11mol）已清除掉表面氧化膜的金属钠，立即加入 20ml 干燥的二甲苯，将混合物加热至金属钠全部熔融，停止加热，取下烧瓶，塞住瓶口振荡，使之成为钠珠[①]，回收二甲苯，迅速加入 28ml 精制的乙酸乙酯，迅速装上球形冷凝管，反应立即开始，如不反应，小火加热，保持微沸状态回流，直至金属钠全部消失，停止加热，这时混合液变为透明溶液（有时有黄白色沉淀析出）。稍冷后，取下圆底烧瓶，振荡下，慢慢加入 50% 的醋酸[②]，至反应液呈弱酸性（pH = 5~6），此时溶液中固体物质都已溶解，将反应液转移至分液漏斗中，加入等体积的饱和食盐水，振摇，静置，分出有机层，水层用 5ml 乙酸乙酯萃取，萃取液与酯层合并后，用无水硫酸钠干燥。

将干燥过的液体滤到圆底烧瓶中，先在常压下蒸馏除去乙酸乙酯，然后改用减压蒸馏，在相应压力下蒸出乙酰乙酸乙酯（沸点与压力的关系见表 3 - 3），产量约 6g。

纯乙酰乙酸乙酯的沸点 180.4℃。

本实验约需 6~8h。

压力/mmHg[*]	760	80	60	40	30	20	18	14	12	10	5	1.0	0.1
沸点/℃	181	100	97	92	88	82	78	74	71	67.3	54	28.5	5

* 1mmHg = 1Torr = 133.322Pa

[注释]

①金属钠颗粒大小影响反应速度。

②滴加 50% 醋酸时，需特别小心，如果反应瓶有少量未反应完的金属钠，会发生剧烈反应。此外，还应避免加入过量的醋酸溶液，否则将会增加乙酰乙酸乙酯在水中溶解度，降低产率。

【思考题】

1. 为什么使用二甲苯作溶剂，而不用苯或甲苯？
2. 为什么用醋酸酸化，而不用稀盐酸或稀硫酸酸化？

实验三十七　乙酰苯胺的制备

【实验目的】

1. 掌握酰化反应的原理及应用。
2. 掌握简单分馏的原理。

【实验原理】

苯胺分子中的氨基具有碱性和亲核性，通过亲核反应可以实现对氨基氮原子的烷基化和酰基化。与苯酚不同，苯胺不但可用酰氯或酸酐来进行酰化，它甚至可用冰醋酸来直接进行酰化。冰醋酸试剂虽然廉价易得，但进行酰化反应时需要较长的反应时间和较强的反应条件。苯胺的酰化在有机合成中常常作为一种保护氨基的方法，避免苯胺在反应中被氧化。另一方面，氨基经酰化后，降低了氨基在亲电取代反应（特别是卤化）中的活化能力，使其由很强的第一类定位基变为中等强度的第一类定位基，使反应由多元取代变为一元取代，由于乙酰基的空间效应，往往选择性地生成对位取代产物。

$$C_6H_5NH_2 + CH_3CO_2H \overset{\triangle}{\rightleftharpoons} C_6H_5NHCOCH_3 + H_2O$$

苯胺与冰醋酸的酰化反应与生成的乙酰苯胺的水解反应互为可逆反应。若能设法蒸去反应生成的水，则化学平衡向着生成乙酰苯胺的方向移动。水的沸点是 100℃，冰醋酸的沸点是 119℃，为了只蒸出水分，不带出醋酸，必须采用分馏装置。

【实验步骤】

在 25ml 圆底烧瓶中，加入 5ml（0.055mol）苯胺[①]、7.5ml（0.13mol）冰醋酸，装上一短的刺形分馏柱[②]，其上端安装温度计及蒸馏头，蒸馏头的支管通过尾接管与接收瓶相连。加热，使反应物保持微沸约 15min，然后逐渐升高温度，当温度计读数达到

100℃左右时，支管即有液体流出。维持温度在 100～110℃ 之间反应约 1.5h，生成的水及大部分醋酸被蒸出③，此时温度计读数下降，表示反应已经完成。在搅拌下趁热将反应物倒入 100ml 冷水④中，冷却后抽滤析出的固体，用冷水洗涤。粗产物用水重结晶，产量约 5g。

乙酰苯胺纯品的熔点为 114.3℃

本实验约需 3～4h。

[注释]

①久置的苯胺色深有杂质，会影响乙酰苯胺的质量，故最好用新蒸的苯胺。

②因为属于小量制备，可用微量分馏管代替刺形分馏柱。微量分馏管支管用一段橡皮管与一玻璃弯管相连，玻璃管下端伸入试管中，试管外部用冷水浴冷却。

③收集醋酸及水的总体积约为 2ml。

④反应物冷却后，固体产物立即析出，沾在瓶壁不易理处。故须趁热在搅动下倒入冷水中，以除去过量的醋酸及未作用的苯胺（它可成为苯胺醋酸盐而溶于水）。

【思考题】

1. 根据理论计算，反应完成时应产生多少毫升水？为什么实际收集的液体量要多于理论计算量？

2. 乙酰化试验除了乙酸外，还有哪些？

实验三十八　己内酰胺的制备

【实验目的】

掌握 Beckmann 重排反应的原理及应用。

【实验原理】

Beckmann 重排是指醛或酮与羟胺作用生成的肟在酸性催化剂如硫酸等的作用下发生分子重排生成酰胺的反应。

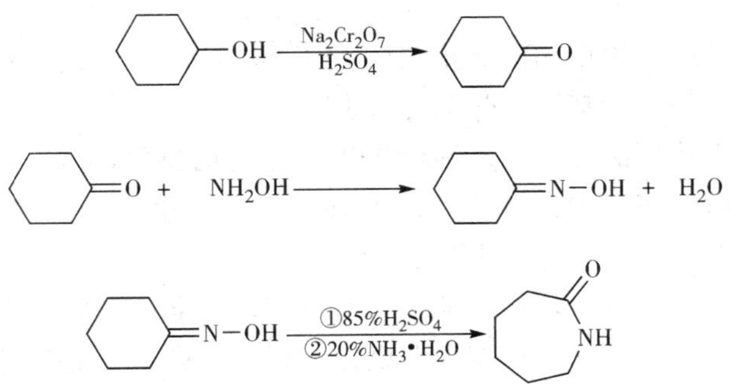

【实验步骤】

1. 环己酮的制备　在 250ml 圆底烧瓶中，加入 10.5ml（10.1g，0.1mol）环己醇，然后一次加入已制备好的重铬酸钠溶液①，振摇使充分混合。放入温度计，测量初始反应温度，并观察温度变化情况。当温度上升至 55℃ 时，立即用水浴冷却，保持反应温度在 55～60℃。约 0.5h 后，温度开始出现下降趋势，移去水浴再放置 0.5h 以上。其间要不时地振摇，使反应完全，反应液呈墨绿色。

在反应瓶内加入 60ml 水和几粒沸石，改成蒸馏装置，将环己酮与水一起蒸馏出来[②]，直至馏出液不再浑浊时，再多蒸 15～20ml，约蒸出 50ml 馏出液。馏出液用氯化钠饱和（约 12g 氯化钠[③]）后，转入分液漏斗，静置后分出有机层。水层用 15ml 乙醚萃取一次，合并有机层与萃取液，用无水硫酸钾干燥。在水浴上蒸出乙醚后，蒸馏收集 151～155℃ 的馏分，产量 6～7g。

纯环己酮的沸点 155.6℃。

2. 环己酮肟的制备 在 250ml 锥形瓶中，将 5g（0.07mol）羟胺盐酸盐及 7g 结晶醋酸钠溶于 15ml 水中，加热溶液，使温度达到 35～40℃。分二次加入 5.2ml（约 5g，0.05mol）环己酮，边加边摇动，此时有固体析出[④]。加完后，塞紧瓶口，猛烈振摇 2～3min，环己酮肟呈白色粉状固体析出。冷却后，抽滤并用少量水洗涤，得到环己酮肟 5.5g，熔点 89～90℃。

纯环己酮肟的熔点为 90℃。

3. 己内酰胺的制备 在 500ml 烧杯中[⑤]，放入 5g（0.044mol）环己酮肟和 10ml 85% 硫酸，充分搅拌使混合均匀。在烧杯内放一支温度计，缓慢加热。当有气泡产生时（约 120℃），停止加热，此时发生强烈的放热反应，温度很快上升，可达到 160℃，反应在几秒钟内即可完成。稍冷后，将此溶液倒入 250ml 三颈瓶中，在冰盐浴中冷却。三颈瓶上分别安装搅拌器、温度计和滴液漏斗。当溶液温度降至 0～5℃ 时，搅拌下小心加入 20% 氨水[⑥]，控制溶液温度在 20℃，直至成碱性，pH 约为 8（通常加约 60ml，约需 1h）。

粗产物倒入分液漏斗中，有机层转入 25ml 烧瓶中。减压蒸馏，收集 127～133℃/0.93kPa（7mmHg）、137～140℃/1.6kPa（12mmHg）或 140～144℃/1.86kPa（14mmHg）的馏分。馏分产量约 2g。

本实验约需 8～10h。

[**注释**]

①在 500ml 烧杯中，溶解 10.5g 重铬酸钠于 60ml 水中，在搅拌下，慢慢加入 9ml 浓硫酸，得一橙色溶液，冷却至 30℃ 以下备用。

②环己酮与水形成恒沸混合物，沸点 95℃，含环己酮 38.4%。

③31℃ 时，环己酮在水中的溶解度为 2.4g。加入氯化钠的目的是通过盐析作用降低环己酮在水中的溶解度，并有利于分层。

④若此时环己酮呈白色小球状，则表示反应还未完全，需继续振摇。

⑤由于重排反应进行猛烈，故需用大烧杯以利于散热，使反应缓和。

⑥用氨水进行中和时，开始要加得很慢，因反应强烈放热，初始溶液黏稠，散热慢，若加得太快，会造成局部过热发生水解而降低收率。

【**思考题**】

1. 请写出由环己酮肟生成己内酰胺的反应机理。

2. 制备环己酮肟时加入醋酸钠的目的是什么？

3.20%的氨水可否用 NaOH 代替？

实验三十九　间硝基苯胺的制备

【实验目的】

掌握多元硝基化合物的选择性还原反应及间硝基苯胺的制备方法。

【实验原理】

在多硫化钠、硫氢化钠、硫氢化铵、硫化钠、硫化铵等含硫化合物作为还原剂的情况下，多元硝基化合物可以进行选择性还原。本实验就是利用硫氢化钠作为选择性还原剂将间二硝基苯还原得到间硝基苯胺。

$$Na_2S + NaHCO_3 \longrightarrow NaHS + Na_2CO_3$$

【实验步骤】

在 125ml 烧杯中，将 6g（0.025mol）结晶硫化钠溶于 12.5ml 水中。在充分搅拌下，分批加入 2.1g（0.025mol）碳酸氢钠，搅拌至全溶。然后在搅拌下慢慢加入 15ml 甲醇，并将烧杯置于冰水浴中冷却至 20℃ 以下，立即有水合碳酸钠沉淀析出。静止 15min 后，抽滤，滤饼用 10ml 甲醇分三次洗涤，合并滤液和洗涤液备用（硫氢化钠因溶于甲醇水溶液而留在滤液中）。

在装有回流冷凝管的 100ml 烧瓶中，溶解 2.5g（0.015mol）间二硝基苯于 20ml 热甲醇溶液中。在振摇下，从冷凝管顶端加入上述制好的硫氢化钠溶液，加热回流 20min。进行常压蒸馏蒸出大部分甲醇，残留液在搅拌下倾入 80ml 冷水中，立即析出间硝基苯胺黄色晶体。抽滤，用少量冷水洗涤结晶，干燥后得粗品约 1.5g。

粗品用 75% 的乙醇水溶液重结晶，用少量活性炭脱色，得黄色针状结晶约 1g。

纯间硝基苯胺的熔点为 114℃。

本实验约需 4h。

【思考题】

1. 反应完毕后，为什么要蒸出大部分甲醇？

2. 如果硫氢化钠由硫化钠和碳酸氢钠制备，在甲醇热溶液中会出现少量碳酸钠沉淀，是否需要立即除去，为什么？

实验四十　氯化三乙基苄基铵的制备

【实验目的】

掌握季铵盐的制备原理和方法。

【实验原理】

氯化三乙基苄铵（TEBA）是常用的相转移催化剂。

$$C_6H_5CH_2Cl + (CH_3CH_2)_3N \xrightarrow[\triangle]{ClCH_2CH_2Cl} (CH_3CH_2)_3\overset{+}{N}CH_2C_6H_5Cl^-$$

【实验步骤】

在 100ml 圆底烧瓶中，加入 5.5ml（0.05mol）氯苄、7ml（0.05mol）三乙胺和 20ml 的 1,2 – 二氯乙烷，几粒沸石，加热回流 1.5h。冷却，析出结晶[①]。抽滤，滤饼用少量 1,2 – 二氯乙烷洗涤一次，再用无水乙醚洗一次，抽滤，干燥后称重[②]，得白色晶体约 10g。

本实验约需 3 ~ 4h。

[注释]

①要充分冷却，以保证结晶析出完全。

②季铵盐易吸潮，应在红外灯下烘干，然后置于干燥器中保存。

【思考题】

季铵盐为什么可以催化水溶性无机盐和有机化合物之间的非均相反应？

实验四十一　甲基橙的制备

【实验目的】

1. 掌握重氮化反应和偶合反应的原理。
2. 掌握重氮化反应和偶合反应的实验方法以及盐析等操作。

【实验原理】

甲基橙是一种酸碱指示剂，在中性或碱性介质中呈黄色，在酸性介质中（pH < 3.0）呈红色。

制备甲基橙的传统方法是由对氨基苯磺酸重氮化制成对磺酸基苯基重氮盐，再与 N,N – 二甲基苯胺醋酸盐在弱酸性介质中偶合得到。

对氨基苯磺酸是一种两性化合物，其酸性比碱性强，能形成酸性内盐，它易与碱作用生成易溶的钠盐而难与酸作用成盐，所以不溶于酸。但是重氮化反应又须在酸性介质中完成，因此，在制备甲基橙的传统方法中，进行重氮化反应时，首先将对氨基苯磺酸与氢氧化钠作用，变成可溶于水的对氨基苯磺酸钠。再在酸性条件下将对氨基苯磺酸钠转变为对氨基苯磺酸从溶液中以细粒状沉淀析出，并立即与亚硝酸钠在酸性条件下转变成的亚硝酸作用，发生重氮化反应，生成粉末状的重氮盐，再与 N,N – 二甲基苯胺发生偶合反应，生成甲基橙。

本实验采用一种制备甲基橙的新方法，直接利用对氨基苯磺酸自身的酸性来完成重氮化反应，省去了外加酸、碱试剂。重氮化反应可在室温下进行，试剂的种类和用量减少，步骤简化，产率较高。

$$H_2N—\bigcirc—SO_3H \xrightarrow{NaNO_2} {}^-O_3S—\bigcirc—N^+\equiv N$$

$${}^-O_3S—\bigcirc—N^+\equiv N + \bigcirc—N(CH_3)_2 \xrightarrow[H_2O]{OH^-} (CH_3)_2N—\bigcirc—N=N—\bigcirc—SO_3Na$$

【实验步骤】

1. 重氮盐的制备　在 100ml 烧杯中，加入 1.0g（0.005mol）对氨基苯磺酸晶体[①]和 0.4g（0.0055mol）$NaNO_2$ 晶体后，加入 15ml 水，迅速搅拌溶解，5min 后，固体完全溶解，溶液由黄色转变成橙红色，此溶液即为对氨基苯磺酸重氮盐溶液。

2. 偶合　在重氮盐溶液中迅速加入 0.7ml（0.0055mol）新蒸馏的 N,N – 二甲苯胺[①]，剧烈搅拌，反应液黏度逐渐增大，并呈褐红色，继续搅拌至反应液黏度下降，并析出大量橙色晶体（约 15min）后，加入 2.5ml 10% NaOH 溶液，搅拌均匀，放置冷却，抽滤，用少量冷水洗涤，得橙色粗制甲基橙固体。

将粗产品转入 35ml 水中，加热搅拌至完全溶解，趁热过滤后放置冷却至室温，当晶体开始析出时，再在冰浴中冷却。甲基橙全部结晶析出后，抽滤。用少量水洗涤产品。产品经干燥后，称重，产量 1～1.5g[②]。

溶解少许产品于水中，加入几滴稀盐酸，然后用稀 NaOH 溶液中和。观察溶液的颜色变化。

本实验约需 4h。

[注释]

①对氨基苯磺酸和 N,N – 二甲基苯胺对皮肤有刺激作用，使用时要小心。

②甲基橙是一种盐，没有明确的熔点。

【思考题】

1. 简述本实验中重氮化反应和偶合反应的注意事项。

2. 甲基橙在酸性介质中的颜色和结构如何变化？

实验四十二　乙酰二茂铁的制备

【实验目的】

掌握乙酰二茂铁的制备原理和方法。

【实验原理】

二茂铁具有类似于苯的芳香性，比苯更容易发生亲电取代反应，例如 Friedel –

Crafts 反应：

$$\text{二茂铁} \xrightarrow[\text{H}_3\text{PO}_4]{\text{(CH}_3\text{CO)}_2\text{O}} \text{乙酰二茂铁} \xrightarrow[\text{H}_3\text{PO}_4]{\text{(CH}_3\text{CO)}_2\text{O}} \text{双乙酰二茂铁}$$

由于二茂铁分子中存在亚铁离子，对氧化剂的敏感限制了它在合成中的应用，如不能用混酸对其硝化。

【实验步骤】

在 100ml 圆底烧瓶中，加入 1g（0.0054mol）二茂铁和 10ml（10.8g，0.10mol）乙酸酐，在振荡下用滴管慢慢加入 2ml 85% 的磷酸[①]。投料完毕，用装有无水氯化钙的干燥管塞住瓶口[②]，在沸水浴上加热 15min，并时加振荡。将反应混合物倾入盛有 40g 碎冰的 500ml 烧杯中，并用 10ml 冷水涮洗烧瓶，将涮洗液并入烧杯。在搅拌下，分批加入固体碳酸氢钠[③]，到溶液呈中性为止。将中和后的反应混合物置于冰浴中冷却 15min，抽滤收集析出的橙黄色固体，每次用 50ml 冰水洗两次，抽干后在空气中干燥。将干燥后的粗产物用石油醚（60～90℃）重结晶。

纯乙酰二茂铁的熔点 84.0～84.5℃。

本实验约需 4～6h。

[注释]

① 滴加磷酸时一定要在振摇下用滴管慢慢加入。

② 烧瓶要干燥，反应时应用干燥管，避免空气中的水进入烧瓶内。

③ 用碳酸氢钠中和粗产物时，应小心操作，防止因加入过快使产物逸出。

【思考题】

1. 双乙酰基二茂铁结构中两个乙酰基为什么不在同一个环戊二烯环上？

2. 二茂铁分子中存在亚铁离子，因而对氧化剂是敏感的，进行硝化反应时不能用混酸，如何能顺利实现硝化反应？

实验四十三 8－羟基喹啉的制备

【实验目的】

1. 掌握 8－羟基喹啉的制备原理和方法。

2. 掌握水蒸气蒸馏、重结晶等基本操作。

【实验原理】

Skraup 反应是合成喹啉及其衍生物最重要的方法，喹啉可用苯胺与无水甘油、浓硫酸及弱氧化剂硝基化合物等一起加热而得。

以邻氨基酚、邻硝基酚、无水甘油和浓硫酸为原料合成 8－羟基喹啉。浓硫酸的作用是使甘油脱水生成丙烯醛，并使邻氨基酚与丙烯醛的加成物脱水成环。硝基酚为弱氧化剂，能将成环产物 8 - 羟基 - 1,2 - 二氢喹啉氧化成 8 - 羟基喹啉，邻硝基酚本身则还原成邻氨基酚，也参与缩合反应。

【实验步骤】

在 100ml 圆底烧瓶中加入 9.5g（7.5ml，0.1mol）无水甘油①、1.8g（0.013mol）邻硝基苯酚和 2.8g（0.025mol）邻氨基苯酚，振摇，使之充分混合。在振荡下慢慢滴入 4.5ml 浓硫酸。装上回流冷凝管，开始加热。当溶液微沸时，立即停止加热②。反应大量放热，待反应缓和后，继续加热，保持反应物微沸回流 1.5～2h。

稍冷后，进行水蒸气蒸馏，以除去未反应的邻硝基苯酚。待瓶内液体冷却后，慢慢加入由 6g 氢氧化钠和 6ml 水配成的溶液，摇匀后，再小心滴入饱和碳酸钠溶液，使反应液呈中性③。然后进行水蒸气蒸馏，收集含有 8 - 羟基喹啉的馏出液 200～250ml。馏出液在冷却过程中不断有晶体析出，待充分冷却后抽滤、洗涤，干燥后得粗品约 3g。

粗品可用约 25ml 乙醇 - 水（4:1，V/V）混合溶剂进行重结晶④，得 8 - 羟基喹啉 2～2.5g。

纯 8 - 羟基喹啉的熔点为 75～76℃。

本实验约需 8h。

[注释]

①本实验所用甘油含水量必须少于 0.5%（$d = 1.26g/cm^3$）。如果含水量较大，则 8 - 羟基喹啉的产率较低。可将普通甘油在通风橱内置于瓷蒸发皿中加热至 180℃，冷却至 100℃左右，即可放入盛有硫酸的干燥器中备用。

②此反应为放热反应，溶液呈微沸时，表示反应已经开始，若继续加热，反应将过于激烈，会使溶液冲出容器。

③8 - 羟基喹啉既溶于酸又溶于碱而成盐，成盐后将不被水蒸气蒸出，故必须小心中和，控制 pH 在 7～8 之间。中和恰当时，瓶内析出的 8 - 羟基喹啉沉淀最多。

④由于 8 - 羟基喹啉难溶于水，放于滤液中，慢慢滴入去离子水，即有 8 - 羟基喹啉晶体不断析出。

产率以邻氨基苯酚计算，不考虑邻硝基苯酚部分转化后参与反应的量。

【思考题】

1. 为什么第一次水蒸气蒸馏要在酸性条件下进行，而第二次又要在中性条件下进行？

2. 在 Skraup 合成中，如果用对甲苯胺、β - 萘胺或邻苯二胺作原料，应分别得到什么产物？

实验四十四　外消旋苦杏仁酸的拆分

【实验目的】

1. 掌握酸性外消旋体的拆分原理及实验方法。
2. 掌握萃取、重结晶等操作技术。

【实验原理】

在非手性条件下，由一般合成反应所得的手性化合物为等量的对映体组成的外消旋体，故无旋光性。利用拆分的方法，把外消旋体的一对对映体分成纯净的左旋体和右旋体，即所谓外消旋体的拆分。早在 1848 年，louis Pasteur 首次利用物理的方法，拆开了一对光学活性酒石酸盐的晶体，从而导致了对映异构现象的发现。但这种方法不适用于大多数外消旋体化合物的拆分。拆分外消旋体最常用的方法是利用化学反应把对映体变为非对映体。如果手性化合物的分子中含有一个易于反应的拆分基团，如羧基或氨基等，就可以使它与一个纯的旋光化合物（拆分剂）反应，从而把一对对映体变成两种非对映体。由于非对映体具有不同的物理性质，如溶解性、结晶性等，利用结晶等方法将它们分离、精制，然后再去掉拆分剂，就可以得到纯的旋光化合物，达到拆分的目的。实际工作中，要得到单个旋光纯的对映体，并不是件容易的事情，往往需要冗长的拆分操作和反复的重结晶才能完成。常用的拆分剂有马钱子碱、奎宁和麻黄素等旋光纯的生物碱（拆分外消旋的有机酸）及酒石酸、樟脑磺酸等旋光纯的有机酸（拆分外消旋的有机碱）。

外消旋的醇通常先与丁二酸酐或邻苯二甲酸酐形成单酯，用旋光醇的碱把酸拆分，再经碱性水解得到单个的旋光性的醇。

此外，还可利用酶对它的底物有非常严格的空间专一性的反应性能，即生化的方法或利用具有光学活性的吸附剂即直接层析法等，对一对光学异构体进行拆分。

对映体的完全分离当然是最理想的，但在实际工作中很难做到这一点，常用光学纯度表示被拆分后对映体的纯净程度，它等于样品的比旋光除以纯对映体的比旋光。

$$\text{光学纯度}(\mathrm{op}) = \frac{\text{样品的}[\alpha]}{\text{纯物质的}[\alpha]} \times 100\%$$

本实验涉及外消旋体苦杏仁酸的拆分。

利用天然光学纯的（ - ）- 麻黄素作为拆分剂，它与外消旋体的苦杏仁酸作用，生成非对映体的盐，利用两种非对映体的盐在无水乙醇中的溶解度不同，用分步结晶的方法将它们拆开，然后再用酸处理已拆分的盐，使苦杏仁酸重新游离出来，得到较纯的（ - ）- 和（ + ）- 苦杏仁酸，并通过旋光度（α）的测定，计算产物的比旋光度 [α] 和光学纯度（op）。

天然（ - ）- 麻黄碱的结构为：

$$
\begin{array}{c}
\mathrm{CH_3} \\
\mathrm{H} \!-\!\!-\!\!-\! \mathrm{NHCH_3} \\
\mathrm{H} \!-\!\!-\!\!-\! \mathrm{OH} \\
\mathrm{C_6H_5}
\end{array}
$$

其实验过程可用以下流程图说明。

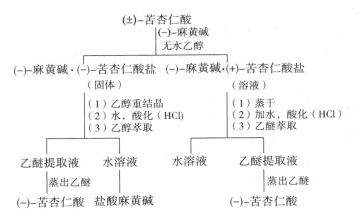

【实验步骤】

1.（－）－麻黄碱的制备 在 50ml 锥形瓶中，将 4g 麻黄碱盐酸盐[①]溶于 10ml 水，加入 1g 氢氧化钠溶于 5ml 水的溶液，摇荡混合后，（－）－麻黄碱即游离出来。冷却后每次用 10ml 乙醚萃取两次，合并醚萃取液并用无水硫酸钠干燥。在 100ml 圆底烧瓶中蒸去乙醚后[②]，即得（－）－麻黄碱。

2. 外消旋苦杏仁酸的拆分 将上面制得的（－）－麻黄碱溶于 30ml 无水乙醇，然后加入 3g 苦杏仁酸溶于 10ml 无水乙醇溶液，混合均匀后在水浴上隔绝潮气回流 1.5～2h。放置至室温让其自然结晶，然后在冰浴中冷却让其结晶完全。抽滤，粗产物用 40ml 无水乙醇重结晶后得无色结晶约 2.2g，熔点 165℃。重新用 20ml 无水乙醇再结晶一次后，得到白色粒状晶体即为（－）－苦杏仁酸·（－）－麻黄碱盐，约 1.5g，熔点 169～170℃。

将上述得到的盐溶于 10ml 水，然后用浓盐酸小心酸化至刚果红试纸变蓝（约需 1ml）。酸化后的水溶液每次用 10ml 乙醚萃取两次，合并醚萃取液，经无水硫酸钠干燥后过滤，滤液经常压蒸馏蒸去乙醚，得（－）－苦杏仁酸白色结晶约 0.5g，熔点 131～132℃。萃取后的水溶液倒入指定的容器内，以便回收麻黄碱[③]。

将两次结晶（－）－苦杏仁酸·（－）－麻黄碱盐后剩下的乙醇母液经常压蒸馏蒸去乙醇，并用水泵将溶液抽干。残留物中加入 20ml 水，温热并搅拌使固体溶解，然后小心用浓盐酸酸化至刚果红试剂变蓝。此时若有油状黏稠物出现，可用滤纸滤掉。每次用 10ml 乙醚萃取两次，合并醚萃取液，经无水硫酸钠干燥后过滤，滤液经常压蒸馏蒸去乙醚，即得（＋）－苦杏仁酸[④]。萃取后的水溶液倒入指定容器回收麻黄碱。

3. 比旋光度的测定 将上面制得的（＋）－及（－）－苦杏仁酸准确称量后，用蒸馏水配成 2% 的溶液[⑤]。测定比旋光度，并计算拆分后单个对映体的光学纯度。

纯苦杏仁酸的〔α〕为 ±156°。

本实验约需 8h。

[注释]

①盐酸麻黄碱熔点为 216～220℃，$[\alpha]_D^{25} = -33° \sim -35.5°$，符合药典要求。我国

内蒙包头制药厂和山西大同制药厂等均有商品出售，也可从中药麻黄中提取。

②蒸出的乙醚可用于下一步萃取。

③将萃取后的水溶液在蒸馏瓶中蒸去大部分水，然后移至烧杯中浓缩至一定体积后，冷却结晶，抽滤析出的晶体，干燥，即可回收（-）-麻黄碱。

④（+）-苦杏仁酸的分离显得更加困难，一般难以得到纯品。故建议安排学生实验时只分离对映异构体之一，即（-）-苦杏仁酸。

⑤如溶液混浊，需用定量滤纸过滤。

【思考题】

1. 为提高产物的光学纯度，你认为本实验的关键步骤是什么？

2. 如果测定苦杏仁酸的旋光度 $\alpha = -6°$，你如何确定其旋光度是 $-6°$ 而不是 $+354°$？

第四章　有机化合物的性质实验

有机化学反应大多数为分子反应，分子中直接发生变化的部分一般都局限在官能团上，因此，有机官能团的基本特征反应对于鉴定有机化合物的结构是十分重要的。

适合于鉴定官能团的反应，应该是操作简便，反应迅速，反应结果有明显的现象，如颜色、沉淀、固体消失、气体产生等；并对某一官能团具有专一性的特征反应。

但是，往往一个化学反应对多数有机化合物都可发生，此时就是难判断究竟是哪一类化合物，还须选做其他反应，进行进一步确证。

如果分子中同时含有两种或多种不同的官能团时，可能对官能团的鉴定反应彼此有干扰，因此根据一种反应的结果尚不足确定该官能团是否存在，可再选用几种反应来确定其官能团的存在。这就是有机定性实验中常常用几种方法鉴定同一官能团的原因。

此外，在鉴定时，必须注意所选择的溶剂及样品中少量杂质的影响。

在进行实验前，了解样品（检品）的理化性质对做好实验是十分重要的，所以，在必要时应该查阅样品的物理常数，以便做到心中有数地进行实验，实验完毕要及时写出实验报告。6

实验报告的内容应包括试剂、化学反应、反应现象及其各项实验的结果和结论。

有机定性反应的类型很多，我们所选定的一些实验内容是配合有机化学理论课教学内容安排的，但对于一些典型的反应由于试剂来源困难及实验条件的限制未被选定。

实验一　脂肪烃的性质

烷、烯、炔都是烃类。烷烃在一般情况下比较稳定，在特殊条件下可发生取代反应等。而烯烃和炔烃由于分子中具有不饱和双键（ $\diagup\!\!\!\!C = C\diagdown\!\!\!\!$ ）和三键（—C≡C—），所以表现出加成，氧化等特征反应。

具有 R—C≡CH 结构的炔烃，因含有活泼氢，能与重金属，如亚铜离子，银离子形成炔基金属化合物，故能够与烯烃和具有 R—C≡C—R 结构的炔类相区别。

【实验内容】

一、烷烃的性质

1. 对氧化剂的稳定性

样品：精制石油醚①。

试剂：0.1% $KMnO_4$ 、稀 H_2SO_4 （1:5， V/V ）。

操作：在试管中加入 2 滴 0.1% $KMnO_4$ 溶液及 4 滴稀 H_2SO_4 ，然后加入 10 滴精制石油醚，振摇观察其结果。

2. 光照下卤代反应

样品：精制石油醚。

试剂：5% Br_2 – CCl_4溶液。

操作：取 2 支干燥试管，各加入 10 滴精制石油醚，再加入 1 ~ 2 滴 Br_2 – CCl_4溶液[②]，摇匀后，一支放在暗处；另一支光照，观察现象，数分钟后比较其结果。

二、烯烃的性质

1. 加成反应

样品：粗汽油（含烯烃）或乙烯[③]。

试剂：溴水。

操作：于试管中加入 5 滴溴水，然后加入 1 滴粗汽油，振荡试管，观察溴水是否褪色。

注：绝大多数含有碳碳双键或三键的化合物，能使溴水或溴的四氯化碳溶液褪色。但在不饱和键两端连接有吸电子基团时，反应进行缓慢。

2. 氧化反应

样品：粗汽油（含烯烃）或乙烯。

试剂：0.1% $KMnO_4$溶液、稀 H_2SO_4（1:5，V/V）。

操作：于试管中加入 1 滴 0.1% $KMnO_4$溶液和 10 滴稀 H_2SO_4，然后加入 2 滴粗汽油，振荡试管，观察高锰酸钾的紫色是否褪去。

注：含有碳碳双键和三键的化合物能与高锰酸钾发生氧化反应，使高锰酸钾紫色褪去，而对于一些易被氧化的化合物：如酚、醇、醛也能使高锰酸钾溶液褪色。

三、乙炔的制备和化学性质

1. 制备

$$CaC_2 + 2H_2O \rightarrow HC\equiv CH\uparrow + Ca(OH)_2 + Q$$

操作：取 5 ~ 6g 电石（碳化钙块状），置于干燥的抽滤管中，管口用带有分液漏斗的胶塞塞紧，其侧管连接一根下端拉细的弯玻璃管。

然后通过小分液漏斗将水逐滴滴入，反应立即开始，用逸出的乙炔气[④]分别做下列试验。

2. 化学性质

（1）加成反应

样品：乙炔气。

试剂：溴水。

操作：将乙炔气通入盛有 10 滴溴水的试管中，观察溴水是否褪色。

（2）氧化反应

样品：乙炔气。

试剂：0.1% $KMnO_4$溶液、稀 H_2SO_4（1:5，V/V）。

操作：将乙炔通入盛有 1 滴 0.1% $KMnO_4$ 溶液与 10 滴稀 H_2SO_4 混合液的试管中，观察高锰酸钾溶液紫色是否褪去。

（3）形成银的炔化物

样品：乙炔气。

试剂：5% $AgNO_3$ 溶液，5% NaOH 溶液，5% NH_4OH 溶液。

操作：将乙炔气通入新制备的银氨溶液中，即析出乙炔银沉淀，用玻棒取出少量（米粒大）用滤纸吸干，将其放于砂盘中，用小火加热进行爆炸试验。

由于炔银干燥时易爆炸，因此将剩余的沉淀加入 3ml 稀硝酸，在水浴上加热煮沸，分解破坏。

$$Ag—C \equiv C—Ag + 2HNO_3 \rightarrow 2AgNO_3 + HC \equiv CH \uparrow$$

银氨溶液配制：在试管中加入 5 滴 5% $AgNO_3$ 溶液，1 滴 5% NaOH 溶液，再逐滴加入 5% NH_4OH 至沉淀恰好溶解。

反应式：
$$AgNO_3 + NaOH \rightarrow AgOH + NaNO_3$$
$$2AgOH \rightarrow Ag_2O \downarrow + H_2O$$
$$Ag_2O + 4NH_4OH \rightarrow 2 [Ag(NH_3)_2] OH + 3H_2O$$

银氨溶液即托伦试剂（Tollen's reagent）必须临用现配，久置会析出爆炸性黑色沉淀物 Ag_3N，故不能贮存。

（4）形成亚铜的炔化物

样品：乙炔气。

试剂：氯化亚铜氨溶液。

操作：将乙炔气通入盛有 5 滴氯化亚铜氨溶液的试管中，析出乙炔亚铜沉淀，进行与乙炔银相同的爆炸试验，并破坏剩余物。

氯化亚铜氨溶液配制：将 3.5g $CuSO_4 \cdot 5H_2O$ 及 1g NaCl 溶于 12ml 热水中，在搅拌下加入由 1g $NaHSO_3$ 和 10ml 5% NaOH 组成的溶液，放冷（置暗处，以免氧化），用倾泻法洗涤，得氯化亚铜沉淀，然后将其溶于 10～15ml 氨水（用浓氨水与等量水配成）中，即得氯化亚铜氨溶液。

反应式：
$$2CuSO_4 + NaCl + NaHSO_3 + H_2O \rightarrow Cu_2Cl_2 \downarrow + NaHSO_4$$
$$Cu_2Cl_2 + 4NH_4OH \rightarrow Cu_2(NH_3)_4Cl_2 + 4H_2O$$

[注释]

①石油醚的精制 取 2.5ml 石油醚于试管中，加入 1ml 浓 H_2SO_4，剧烈振荡后静置片刻，待分层后，将下层深色的硫酸用滴管抽去，重新加入 1ml 浓 H_2SO_4 振荡洗涤，重复上述操作，直到硫酸层无色为止（约洗 3～4 次）。然后用水洗去残留的酸液（约洗 2 次以上）即得到精制石油醚。

②烷烃易溶于 Br_2–CCl_4 溶液中，溴代反应进行较快，而生成的溴化氢气体则不溶于 Br_2–CCl_4 溶液中，若向试管吹一口气，便有白色烟雾，能使湿的蓝色石蕊试纸变红。而加成反应则无溴化氢气体产生，这是取代反应与加成反应不同之处。

③乙烯的制备　操作：取 3ml 乙醇于抽滤试管中，小心加入浓 9ml H_2SO_4，随加随振荡，再加 3g 干燥的细砂，管口塞以带有温度计的胶塞，使水银球浸入混合液中，但勿触及管底，加热后生成的气体通过另一盛有 15ml 10% NaOH 溶液的抽滤试管再经一末端抽细的玻璃管导出。

在砂浴上用强火加热，使温度迅速到达 150℃ 以上，当乙烯开始发生后，用小火缓缓加热并控制温度在 160～170℃ 之间。

细砂应预先用稀盐酸洗净，除去可能夹杂的石灰质，然后用水洗涤，干燥备用。细砂能加速硫酸氢乙酯分解成乙烯，可防止反应混合物受热时发生突沸。

浓硫酸是氧化剂，在反应过程中，可将乙醇等有机物氧化，产生 C、CO、CO_2 等，硫酸本身被还原成 SO_2，SO_2 和乙烯一样也能使溴水和高锰酸钾溶液褪色，故通过 NaOH 溶液洗涤。

硫酸氢乙酯与乙醇在 140℃ 作用生成乙醚，故需要迅速升温到 150℃ 以上，硫酸氢乙酯于 160℃ 分解成乙烯。当乙烯开始生成后，加热不宜太强烈，否则会产生太量泡沫而暴沸，一般控制在 160℃～170℃，必要时可略降低温度。

④工业用电石含有硫化钙、磷化钙等杂质，与水作用产生硫化氢、磷化氢、砷化氢等气体夹杂在乙炔气中，故生成的气体常带有恶臭。

【思考题】

比较烷烃、烯烃与炔烃化学性质的异同点，并解释之。

实验二　芳香烃的性质

在苯的结构中，虽然含有不饱和键，但由于在环状共扼体系中电子密度平均化的结果，它的化学性质比烯烃、炔烃稳定，不易发生加成反应和氧化反应，却易发生取代反应，构成了苯和其他芳香烃的特征反应。

【实验内容】

1. 氧化反应

样品：苯、甲苯

试剂：0.1% $KMnO_4$ 溶液、稀 H_2SO_4（1：5，V/V）

操作：在 2 支试管中各加入 1 滴 0.1% $KMnO_4$ 溶液和 5 滴稀 H_2SO_4，然后分别加入 1 滴苯和甲苯，于水浴中温热，然后剧烈振荡，观察其现象。

注：由于工业苯中经常含少量噻吩，噻吩可使 $KMnO_4$ 溶液褪色，因此，实验时要用纯净的苯。

2. 卤代反应

样品：苯、甲苯

试剂：Br_2－CCl_4溶液

操作：取 2 支干燥小试管，分别加入 5 滴苯和甲苯，再各加入 5 滴 Br_2－CCl_4 溶液，振荡后放置数分钟观察是否发生反应（溶液是否褪色，是否有 HBr 烟雾生成）。

然后光照，观察实验现象。

【思考题】

1. 苯和甲苯的溴代条件有何不同，各是什么类型反应？

2. 苯的溴代、氧化等反应，为什么只能温热而不能在沸水浴中加热？

实验三 卤代烃的性质

卤代烃分子中的 C – X 键比较活泼，—X 可以被—OH、—NH$_2$、—CN 等取代，也可与硝酸银醇溶液作用，生成不溶性的卤化银沉淀。

烃基的结构和卤素的种类是影响反应的主要因素，分子中卤素活泼性越大，反应进行越快。各种卤代烃卤素的活泼顺序如下：

$$R – I > R – Br > R – Cl$$
$$RCH = CHCH_2X，PhCH_2X > R – X > RCH = CHX，Ph – X$$

【实验内容】

1. 相同烃基上，不同卤素活性的比较

样品：1 – 氯丁烷、1 – 溴丁烷、1 – 碘丁烷

试剂：AgNO$_3$ 乙醇溶液

操作：取 3 支用蒸馏水洗过的干燥试管，各加入 0.5ml AgNO$_3$ 乙醇溶液，然后分别加入 2~3 滴 1 – 氯丁烷、1 – 溴丁烷、1 – 碘丁烷，振摇后观察结果。将不反应的试管放在水浴中缓缓加热数分钟，再观察结果。

2. 不同烃基上的氯原子活性比较

样品：氯苄、1 – 氯丁烷、氯苯

试剂：AgNO$_3$ 乙醇溶液

操作：取 3 支用蒸馏水洗过的干燥试管，各加入 1ml 硝酸银乙醇溶液，再分别加入 5 滴氯苄、1 – 氯丁烷、氯苯，振摇后静置 5min，观察结果。将不反应的试管放在水浴上缓缓加热，冷却后，观察有无沉淀析出，然后将沉淀物中加 1 滴稀硝酸，观察沉淀是否溶解。

注：由于分子结构不同，各种卤代烃与硝酸银乙醇溶液反应，在反应速度上有很大的差别，在室温下能立刻产生卤化银沉淀的卤代化合物有：RCOX、RCH = CHCH$_2$X、ArCH$_2$X、R$_3$CCl、RI。在室温下无明显反应，但加热后能产生沉淀的卤代烃有 RCH$_2$Cl、R$_2$CHCl、2,4 – 二硝基氯苯。在加热下也无卤化银沉淀生成的卤代烃有：ArX、RCH = CHX、CHCl$_3$。

【思考题】

1. 说明下列卤代烃反应活泼性次序的原因：

（1）RI > RBr > RCl

（2）C$_6$H$_5$CH$_2$Cl > CH$_3$（CH$_2$）$_2$Cl > C$_6$H$_5$Cl

2. 如何鉴别下列化合物？

CH$_3$CH$_2$Br　　　　CH$_2$ = CHBr

实验四 醇酚醚的性质

【实验内容】

一、醇的性质

醇可看做烃中的氢原子被羟基取代的产物。根据烃中的氢被羟基取代的多少可分为一元醇、二元醇及多元醇。在一元醇中按羟基所连接的碳原子的类型又可分为伯醇、仲醇、叔醇三类。各种醇的性质与羟基的数目、烃基的结构有密切关系。

醇的化学性质大体有下列三类：

（1）醇羟基上的氢原子被取代；

（2）各种醇的氧化作用；

（3）醇分子内或分子间的脱水作用。

（一）醇的取代反应

1. 与金属钠的反应——醇钠的生成

样品：无水乙醇[*]。

试剂：金属钠。

操作：取 10 滴无水乙醇，置干燥试管中，用镊子取高粱米粒大小的金属钠一块放入试管中（需将钠外层的煤油，用滤纸拭干，切去外皮，取用带金属光泽的钠块）观察发生的现象。

注：用金属钠检查羟基时，要注意样品或溶剂中含有少量水分的影响。

2. 氯代烃的生成（Lucas 试验）

样品：正丁醇、仲丁醇、叔丁醇。

试剂：Lucas 试剂（$ZnCl_2/HCl$）。

操作：取 3 支干燥试管，分别加入正丁醇、仲丁醇、叔丁醇各 3 滴，Lucas 试剂 8 滴，小心振摇后于室温（最好保持在 26～27℃）静置并观察其变化，记下混合液变浑浊和出现分层的时间。

对于有反应的样品，再用 1ml 浓盐酸代替 Lucas 试剂做同样的试验，比较结果。

注：

（1）本反应是根据生成相应氯代烃的速度不同来区别 6 个碳原子以下的伯、仲、叔醇。其反应速度的顺序为叔醇＞仲醇＞伯醇。

叔醇：数秒钟即出现浑浊并分层。

仲醇：一般需要 10～15min。

伯醇：在室温不反应。

而 6 个碳原子以上的醇类，不溶于 Lucas 试剂，振荡后变浑浊，因而观察不出是否发生了反应。

（2）Lucas 试剂 将 34g 新熔融的无水氯化锌溶于 27g 浓盐酸中、搅拌而成（注意冷却，以防 HCl 逸出）。

3. 甘油铜生成

样品：甘油、乙醇。

试剂：5% $CuSO_4$ 溶液、5% $NaOH$ 溶液。

操作：在 2 支试管中分别加 5 滴 5% $CuSO_4$ 和 10 滴 5% $NaOH$ 溶液，即得天蓝色 $Cu(OH)_2$ 沉淀，再分别滴加 5 滴甘油和乙醇，观察并对比其结果。

注：该反应为邻位二元或多元醇的特征反应。

（二）醇的氧化反应

样品：乙醇。

试剂：0.1% $KMnO_4$、5% $NaOH$、浓 H_2SO_4。

操作：取 2 支试管，一支加入 1 滴 5% $NaOH$；另一支加入 3 滴浓 H_2SO_4，然后在 2 支试管中各加入 5 滴 0.1% $KMnO_4$ 溶液和 5 滴乙醇，振摇并比较两试管中溶液颜色的变化。

将 2 支试管在水浴上加热再观察变化。

注：伯醇易被氧化成醛，或继续被氧化成酸；仲醇氧化成酮；叔醇在相似条件下很难被氧化。

二、酚的性质

1. 酚与溴水作用

样品：1% 苯酚溶液。

试剂：饱和溴水。

操作：于试管中加入 3 滴 1% 苯酚水溶液，逐滴加入饱和溴水，观察颜色变化，并注意有无沉淀析出。

注：由于羟基的存在使苯环的活泼性增加，苯酚与溴水作用时，发生邻对位取代反应，生成微溶于水的 2,4,6 – 三溴苯酚白色沉淀。但由于某些酚的溴代产物能溶于水，因此与溴水反应后，只见溶液褪色没有沉淀生成（如间苯二酚）。

2. 酚与 $FeCl_3$ 显色作用

样品：1% 苯酚溶液、1% 邻苯二酚溶液、1% 水杨酸溶液（邻羟基苯甲酸溶液）、1% 对苯二酚溶液。

试剂：1% $FeCl_3$ 溶液。

操作：于试管中分别加入 5 滴各种酚的水溶液，然后再加入 1 滴 1% $FeCl_3$ 溶液，观察各种酚出现的不同颜色及其变化。

注：

（1）大多数酚与三氯化铁反应产生红、蓝、紫或绿色，如果酚的水溶液浓度较大时与 $FeCl_3$ 所呈现的颜色太深，难以区别，可适当加水稀释。

（2）酚类或含有酚羟基的化合物，大部分能与三氯化铁溶液发生特有的颜色反应，产生颜色反应的原因：主要是由于生成了电离度很大的酚铁盐：

$$6C_6H_5OH + FeCl_3 \rightarrow [Fe(C_6H_5)O_6]^{3-} + 6H^+ + 3Cl^-$$

烯醇类遇三氯化铁也能形成有色配合物。但对某些酚类如间位和对位羟基苯甲酸等则显负性结果。

3. 酚的氧化反应

样品：对苯二酚饱和水溶液。

试剂：5% $FeCl_3$ 溶液。

操作：于干燥试管中加入 5 滴对苯二酚饱和水溶液，逐滴加入 5% $FeCl_3$ 溶液（3～4 滴），观察颜色变化及结晶的生成。

注：$FeCl_3$ 除能与酚发生显色反应形成酚铁盐外，也起氧化剂作用，将酚部分氧化。例如：$FeCl_3$ 能够将一部分对苯二酚氧化成对苯醌，然后生成的对苯醌与对苯二酚反应生成墨绿色结晶，三氯化铁被还原为氯化亚铁。所以，易被氧化的酚类不适于用三氯化铁呈色反应来检验。

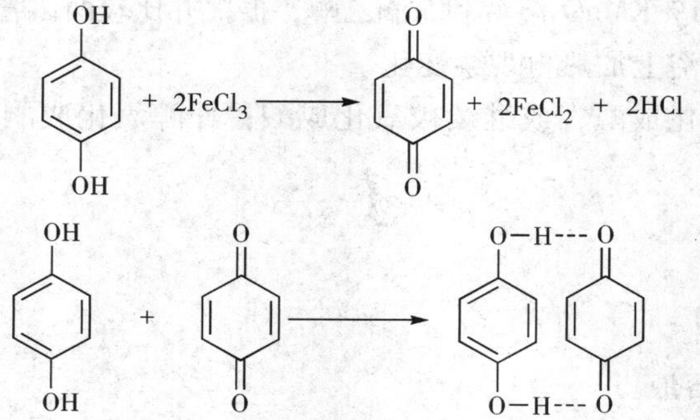

其他酚在生成酚铁盐时也有一部分被氧化。

三、醚的性质

乙醚中过氧化物的检查

样品：乙醚

试剂：稀 H_2SO_4 溶液，10% KI 溶液，淀粉指示剂

操作：于大试管中加 10% KI 溶液 5 滴于 1ml 水中，并用 1 滴稀 H_2SO_4 酸化，加入乙醚 5 滴，振摇片刻，加入 1 滴淀粉指示剂，如溶液变成蓝色，表明醚中有过氧化物存在。

[注释]

＊可用无水硫酸铜（焙烧过的硫酸铜）检查。因无水硫酸铜不溶于乙醇中，但可和乙醇中的水形成蓝色水合物结晶（$CuSO_4 \cdot 5H_2O$），根据硫酸铜颜色的变化可以判定乙醇中水分的存在及去水程度。

【思考题】

1. 伯醇、仲醇、叔醇性质有什么规律，可以用什么反应说明？

2. 多元醇有哪些特性？举例说明。

3. 酚的酸性为什么比醇强？

4. 酚的亲电取代反应为什么容易？

实验五 醛酮的性质

醛（RCHO）和酮（RCOR）都含有羰基（C＝O），结构的相似表现在化学性质方面具有一些共性反应，但醛的羰基是与一个烃基和一个氢原子相连，而酮的羰基则与两个烃基相连，由于结构上的差异又使醛和酮在化学反应方面各有其特殊性。

【实验内容】

一、醛和酮的共性反应

1. 与亚硫酸氢钠的加成反应

样品：苯甲醛、丙酮、苯乙酮。

试剂：饱和 $NaHSO_3$ 溶液。

操作：取 3 支干燥试管，各加入 10 滴饱和 $NaHSO_3$ 溶液，然后再分别加入 3 滴苯甲醛、丙酮和苯乙酮，振摇后将试管放入冷水中冷却，观察有无结晶析出。

注：饱和亚硫酸氢钠溶液配制：在 100ml 40% $NaHSO_3$ 溶液中，加 25ml 不含醛的乙醇，滤掉析出的结晶，临用时配制。

2. 与 2,4 – 二硝基苯肼的反应——腙的生成

样品：甲醛溶液、乙醛溶液、丙酮。

试剂：2,4 – 二硝基苯肼。

操作：取 3 支试管，各加入 5 滴 2,4 – 二硝基苯肼，然后分别加入 1 滴甲醛溶液、乙醛溶液、丙酮，观察析出的结晶，并注意其颜色。

注：2,4 – 二硝基苯肼试剂的配制：取 1g 2,4 – 二硝基苯肼，溶于 7.5ml 浓 H_2SO_4 中，将此溶液加到 75ml 95% 乙醇中，然后用水稀释到 250ml，必要时需过滤。

3. 碘仿反应

样品：甲醛、乙醛、乙醇、丙酮。

试剂：碘溶液、5% NaOH。

操作：取 4 支试管，分别加入 3 滴甲醛、乙醛、乙醇、丙酮，再各加入 10 滴碘溶液，并逐滴加入 5% NaOH 溶液至碘液颜色恰好消失为止，观察有何变化和嗅其气味，如出现白色乳液，可把试管放到 50~60℃ 的水浴中，温热几分钟再观察。

注：

（1）凡具有 $CH_3CO -$ 基团或其他易被氧化成为这种基团结构的化合物，如 $CH_3CH(OH)R$ 均能发生碘仿反应。

（2）碘溶液配制 取 2g 碘和 5g 碘化钾，溶于 100ml 水中即得。

二、醛的特殊反应

1. 斐林反应

样品：甲醛、乙醛、丙酮、苯甲醛。

试剂：斐林（Fehling）溶液。

操作：在 4 支试管中分别加入斐林溶液 I 及斐林溶液 II 各 5 滴，然后分别加 2 滴甲醛溶液、乙醛、丙酮、苯甲醛，振摇均匀后，在水浴中加热，观察发生的现象。

注：

（1）斐林溶液呈深蓝色，与醛共热后溶液依次有下列变化：蓝色→绿色→黄色→红色，芳醛不能与斐林溶液反应。

甲醛被氧化成甲酸仍具有还原性，能将 Cu_2O 继续还原为金属铜，呈暗红色粉末或铜镜。

$$HCOOH + Cu_2O \rightarrow Cu \downarrow + CO_2$$

试剂本身加热时间长也能析出 Cu_2O 沉淀（少量）。

（2）斐林（Fehling）溶液的配制　因酒石酸钾钠和氢氧化铜的配合物不稳定，故需要分别配制，试验时将两溶液等量混合。斐林溶液 I：34.6g $CuSO_4 \cdot 5H_2O$ 加水至 500ml，斐林溶液 II：173g 酒石酸钾钠加 70gNaOH 溶于 500ml 水。

2. 银镜反应

样品：甲醛溶液、乙醛、丙酮、苯甲醛。

试剂：5% $AgNO_3$ 溶液、5% NaOH 溶液、5% NH_4OH 溶液。

操作：

（1）取 2ml 5% $AgNO_3$ 溶液，加入 1 滴 5% NaOH 溶液，即析出沉淀，再逐滴加入 5% NH_4OH 溶液，不断振摇，使析出的沉淀恰好溶解为止。即得氢氧化银的氨溶液，简称银氨溶液，此溶液又称托伦试剂（Tollen's reagent）。

（2）将配好的银氨溶液分别放在 4 个洁净（洗至不带水珠）的试管中，分别加入甲醛溶液、乙醛、丙酮、苯甲醛 2~3 滴，摇匀，在水浴上加热，观察现象。

注：过量的氢氧化铵会降低试剂的灵敏度，故不宜多加。

试管若不干净，金属银呈黑色细粒状沉淀，不呈现银镜。试验完毕后，应加少量硝酸，立刻煮沸洗去银镜。

3. 品红醛试验　醛可与品红亚硫酸试剂作用，生成紫红色，酮则不能。

样品：甲醛、乙醛、丙酮、苯甲醛

试剂：品红亚硫酸试剂（Schiff 试剂）

操作：取 4 支试管各加入品红亚硫酸试剂 2 滴，然后再分别加入甲醛、乙醛、丙酮及苯甲醛各 2 滴，以观察其颜色变化。

注：

（1）反应原理　品红是一种红色的三苯甲烷类染料，这类化合物颜色的产生，主要由于分子中具有醌型及较长的共轭结构。

品红的水溶液与亚硫酸作用，生成无色溶液，此溶液称为品红亚硫酸试剂或希夫试剂（Schiff's reagent）。

（2）希夫试剂的配制　取 0.2g 品红加 120ml 蒸馏水，微热使其溶解，冷却，然后加入 20ml 亚硫酸氢钠溶液（1:10），加 2ml 盐酸，再加蒸馏水稀释至 200ml，加 0.1g 活性炭，搅拌并迅速过滤，放置一小时后即可使用，本试剂应临时配制并密封保存，否则 SO_2 逐渐逸去而恢复品红的颜色。遇此情况，应再通入 SO_2，待颜色消失后使用，

试剂中过量的 SO_2 愈少，反应愈灵敏。

【思考题】

1. 鉴别醛和酮有哪些简便方法？
2. 什么叫卤仿反应，具有哪种结构的化合物能发生卤仿反应？

实验六 羧酸及其衍生物的性质

含有羧基（$-CO_2H$）的化合物称羧酸，羧酸可视为烃分子的一个或几个氢原子被羧基取代后的产物。根据烃基的种类又分饱和羧酸、不饱和羧酸、芳香羧酸三类。若羧酸分子中含有卤素、羟基、氨基、羰基，分别称为卤代酸、羟基酸、氨基酸、羰基酸。羧酸的性质不仅取决于羧基，还与烃基、其他官能团的数目、相对位置和空间排列等有关。

羧酸的衍生物有酯、酰卤、酰胺、酸酐等。

【实验内容】

一、羧酸的性质

1. 羧酸的酸性及成盐 羧酸在水中可解离出氢质子而显酸性，可用细玻棒沾取少量的乙酸，用蓝色石蕊试纸或广泛 pH 试纸、刚果红试纸（变色范围从 pH5 红色至 pH 3 蓝色）检查其酸性。

羧酸可与碱中和生成羧酸盐和水。可用苯甲酸与碱进行成盐反应。

2. 酯的生成

样品：冰醋酸。

试剂：异戊醇、浓 H_2SO_4。

操作：在 2 支干燥试管中，各加入 1ml 冰醋酸和 1ml 异戊醇，其中之一再加入 2 滴浓 H_2SO_4，振荡后，置水浴加热 10min。然后把试管取出，浸冷水里冷却，每支试管各加 2ml 冷水，嗅酯的香味，观察酯层的量。

二、羧酸衍生物的性质

1. 水解反应 酯、酰卤、酸酐、酰胺均能发生水解反应，可根据其水解产物鉴别酯、酰卤、酸酐及酰胺。

样品：乙酸乙酯

试剂：稀 H_2SO_4（1:5，V/V）、5% NaOH、5% $FeCl_3$

操作：在试管中加入 10 滴蒸馏水、5 滴乙酸乙酯，再加入 1 滴稀 H_2SO_4，振摇后，将试管浸入 60~70℃ 水浴中加热，不断振摇，至酯层消失（生成乙酸、乙醇）。检查是否有乙酸生成的方法为：取酯水解后的溶液，小心地用 5% NaOH 溶液中和至中性。（注意 NaOH 不能过量，随时用 pH 试纸检查）然后向溶液中加 2 滴 5% $FeCl_3$ 溶液，溶液呈棕红色，加热煮沸后生成棕红色的絮状沉淀。

注：$FeCl_3$ 与醋酸钠起复分解反应，生成醋酸铁，醋酸铁立刻部分水解成碱式六醋酸

铁的络离子使溶液呈棕红色,煮沸时更进一步水解,铁完全变成不溶于水的碱式醋酸铁。

$$2（CH_3COO）_3Fe + 2CH_3COONa + FeCl_3 + 2H_2O$$

$$\longrightarrow [Fe_3(OH)_2(CH_3COO)_6]^+Cl^- + 2NaCl + 2CH_3COOH$$

$$\downarrow \begin{matrix} H_2O \\ \triangle \end{matrix}$$

$$Fe(CH_3COO)_2OH \downarrow$$

三、乙酰乙酸乙酯的化学性质——互变异构现象

乙酰乙酸乙酯是具有互变异构的化合物,为酮式和烯醇式的平衡混合物,呈酮式与烯醇式化学性质。

1. 酮式的化学性质

试剂:2,4 – 二硝基苯肼溶液。

操作:于试管中加入 0.5ml 2,4 – 二硝基苯肼溶液,再加 1 滴乙酰乙酸乙酯,充分振摇,析出橙色沉淀。

2. 烯醇式的化学性质

(1) 与溴水作用

试剂:溴水。

操作:于试管中加入 0.5ml 水,1 滴乙酰乙酸乙酯,1 滴溴水,振摇后溴的颜色很快消失。

(2) 与氯化铁作用

试剂:1% $FeCl_3$。

操作:于试管中加入 0.5ml 水,1 滴乙酰乙酸乙酯,振摇使之溶解,再加入 1 滴 1% $FeCl_3$ 试液,溶液呈紫红色。

注:烯醇与酚有类似的结构,与 $FeCl_3$ 能生成有色配合物。

(3) 酮式与烯醇式的互变异构

试剂:1% $FeCl_3$、溴水。

操作:取 1 滴乙酰乙酸乙酯与 1ml 乙醇混合后,加入 1% $FeCl_3$ 1 滴,反应液显紫红色,振摇下加溴水数滴,反应液变成无色,但放置片刻,又显紫红色。

注:

(1) 乙酰乙酸乙酯的烯醇式在不同的溶液中,有不同的含量,例如用乙醇做溶剂时,约含烯醇式 7.5%。

(2) 因有烯醇式存在,加 $FeCl_3$ 后显紫红色。再加溴水后,溴与烯醇式双键加成,最终使烯醇式转变为酮式的溴代衍生物。烯醇式即不存在,原与 $FeCl_3$ 所显的颜色也就消失,但因酮式与烯醇间有一定的动态平衡关系,又有一部分酮式转变为烯醇式,它与反应液中的 $FeCl_3$ 作用又重显紫红色。

【思考题】

1. 酯、酰卤、酸酐、酰胺的水解产物是什么?

2. 浓硫酸在酯化反应中起什么作用?

实验七　胺的性质

胺可看作氨（NH_3）分子中的氢原子被烃基取代的产物，—NH_2称为氨基，它与脂肪烃基相连为脂肪胺，与芳基相连则称为芳胺。按氢原子被烃基取代的数目又分为伯胺、仲胺、叔胺。

胺具有弱碱性，可与酸成盐，胺类性质较活泼，在制药及药物分析上具有重要意义。

【实验内容】

一、胺的性质

1. 弱碱性

样品：苯胺。

试剂：浓盐酸、20% NaOH。

操作：取 1ml 水置试管中，滴加 5 滴苯胺，振摇，观察苯胺是否溶于水。然后加入 3 滴浓盐酸，振摇观察其变化。全部溶解后，再加入 3 ~ 4 滴 20% NaOH 溶液，又有何变化？如何解释这些现象？

注：苯胺是弱碱，难溶于水，它与盐酸形成的苯胺盐酸盐（弱碱强酸盐）易溶于水。

2. 苯胺与溴水作用

样品：苯胺。

试剂：饱和溴水。

操作：在试管中加入 2 ~ 3ml 水，再加入 1 滴苯胺，振摇使其全部溶解后，取此苯胺水溶液 1ml，逐滴加入饱和溴水，立刻出现白色浑浊并有沉淀析出。

注：在氨基的邻对位引入 3 个电负性较大的溴后，通过诱导效应而使氮上的未共用电子对更加移向苯环，所以 2,4,6 - 三溴苯胺的碱性变得更弱，它几乎不溶于稀的氢溴酸中，故有沉淀析出。有时反应液也常呈粉红色，此系溴水将部分苯胺氧化产生了复杂的有色产物。

3. 与苯磺酰氯反应（Hinsberg 试验）

样品：苯胺、N - 甲基苯胺、N,N - 二甲基苯胺。

试剂：10% NaOH、苯磺酰氯。

操作：取 3 支试管，分别加入苯胺、N - 甲基苯胺、N,N - 二甲基苯胺各 1 滴，10 滴 10% NaOH，2 滴苯磺酰氯，塞住管口，剧烈振摇，并在水浴中温热（不可煮沸），直到苯磺酰氯气味消失，观察现象，再加入 10 滴浓盐酸，观察现象。按下列现象区别伯、仲、叔三种胺。

（1）苯胺应无沉淀产生，为透明溶液，加盐酸呈酸性后才析出沉淀；

（2）N - 甲基苯胺析出白色沉淀，此沉淀不溶于水，也不溶于盐酸；

（3）N,N - 二甲苯胺不起反应，故仍为油状，加盐酸后溶解成澄清溶液。

注：N,N - 二甲苯胺加热时，可能生成紫色或蓝色染料并不表示正反应。

4. 与亚硝酸反应

样品：苯胺、N – 甲基苯胺、N,N – 二甲基苯胺。

试剂：浓 HCl、5% NaOH、5% $NaNO_2$、β – 萘酚碱性溶液。

操作：

（1）芳伯胺的重氮化与偶合反应 于试管中加入 2 滴苯胺，0.5ml 水及 6 滴浓 HCl，振摇均匀后浸在冰水中冷至 0℃，在振摇下慢慢加入 5% $NaNO_2$ 溶液 3 滴，得到澄清溶液，向此溶液中加入 2 滴 β – 萘酚碱性溶液，即析出橙红色沉淀。

（2）芳仲胺生成 N – 亚硝基取代物 于试管中加入 2 滴 N – 甲基苯胺、0.5ml 水及 3 滴浓 HCl，于冰水中冷却后，在不断振荡下慢慢滴加 5% $NaNO_2$ 溶液 5 滴，溶液中立即产生黄色油珠或固体沉淀。

（3）芳叔胺生成环上对位亚硝基取代物 于试管中加入 2 滴 N,N – 二甲基苯胺，3 滴浓 HCl，振摇，于冰水溶液中冷却后，滴加 5% $NaNO_2$ 溶液 3 滴，即有黄色固体（对亚硝基 – N,N – 二甲基苯胺盐酸盐）析出，加 5% NaOH 溶液中和至碱性后，沉淀变为绿色（对亚硝基 – N,N – 二甲基苯胺）。

注：

（1）重氮化反应时，浓盐酸的用量相当于胺的 3 倍，1 份与亚硝酸钠作用生成亚硝酸，1 份使产生重氮盐，另 1 份保持溶液的酸性，因过量的盐酸，不仅可提高重氮盐的稳定性，防止重氮盐变成重氮碱，再重排为重氮酸，而且可以防止苯胺盐酸盐水解成游离胺。因在弱酸性溶液中，重氮酸能与苯胺发生反应。

反应式：

$$[Ar{-}N^+{\equiv}N]Cl^- \xrightarrow[\text{HCl}]{\text{NaOH}} [Ar{-}N^+{\equiv}N]OH^- \xrightarrow[\text{HCl}]{\text{NaOH}} Ar{-}N{=}N{-}OH \xrightarrow[\text{HCl}]{\text{NaON}} Ar{-}N{=}N{-}ONa$$

重氮盐　　　　　　　　重氮碱　　　　　　　重氮酸　　　　　　重氮酸盐

（2）由于亚硝酸受热分解为 NO、NO_2，重氮盐受热易水解成苯酚，所以重氮化反应一般控制在低温下进行。

如果温度过高，就会有黄色沉淀物生成，易和仲胺混淆，故必须充分冷却。

（3）β – 萘酚碱性溶液的配制：4g β – 萘酚溶于 40ml 5% NaOH 中即成，最好用新配制的。

酚类与重氮化合物发生偶合反应，有时在弱酸性条件下进行，一般多在中性或弱碱性溶液中进行，而胺类与重氮化合物的反应则宜在中性或弱酸性溶液中进行。

【思考题】

1. 讨论重氮化反应和偶合反应的条件、用途。

2. 怎样鉴别伯胺、仲胺、叔胺？

实验八 糖的性质

糖类化合物又称碳水化合物。糖包括单糖、双糖、多糖等，其中最简单的是单糖。按其官能团可分为醛糖、酮糖，根据碳原子数目又可分为戊糖、己糖等。单糖的结构可看作是一个多羟基醛（醛糖）或多羟基酮（酮糖），所以单糖具有一般醛、酮的性质。但因羰基与分子内的羟基形成环状半缩醛、半缩酮的结构，故其性质与一般醛、酮又有些不同，如不与品红亚硫酸试剂反应，难以与亚硫酸氢钠发生加成反应等。

一、还原性试验

1. 斐林反应

样品：2%葡萄糖、2%果糖。

试剂：斐林溶液Ⅰ、斐林溶液Ⅱ。

操作：在有标记的2支试管中，分别加入2%葡萄糖、2%果糖各5滴，取等体积的斐林溶液Ⅰ及Ⅱ混合成深蓝色的溶液后，在每一试管内加入5滴，在水浴中加热观察现象。

2. 银镜反应

样品：2%葡萄糖、2%果糖

试剂：5% $AgNO_3$、5% NaOH、5%氨水

操作：在试管中加入1ml 5% $AgNO_3$，1滴5% NaOH，再逐滴加入5%氨水，不断振摇，至生成的沉淀恰好溶解为止，将制得溶液均分到2支干净的试管中，然后分别加入葡萄糖、果糖溶液各5滴，混合均匀后，将试管浸在60~80℃水浴中（勿振荡），观察有何变化？

二、糖脎的生成

样品：2%葡萄糖、2%果糖、2%乳糖

试剂：苯肼盐酸盐、醋酸钠

操作：在3支试管中分别加入2%葡萄糖、2%果糖、2%乳糖各0.5ml，再各加入0.1g苯肼盐酸盐与醋酸钠的混合物，加热使固体完全溶解后，将试管放在沸水浴中加热，随时加以振摇，待黄色的结晶开始出现时（但双糖必须煮沸30min以上再取出）从沸水中取出试管，放在试管架上，使其冷却，则美丽的黄色的糖脎结晶逐渐形成，取一点点糖脎（用水稀释）于载玻片上，在显微镜下观察其形状。

注：苯肼盐酸盐与醋酸钠的重量比为2:3，混合后放在研钵里研细，苯肼有毒，使用时勿与皮肤接触。

附录

一、常用有机溶剂的纯化方法

在有机化学实验中，经常使用各类溶剂作为反应介质或用来分离提纯粗产物。由于反应的特点和物质的性质不同，对溶剂规格的要求也不相同。有些反应（如格氏试剂的制备反应）对溶剂的要求较高，即使微量杂质或水分的存在，也会影响实验的正常进行。这种情况下，就需对溶剂进行纯化处理，以满足实验的正常要求。这里介绍几种实验室中常用的有机溶剂的纯化方法。

1. 无水乙醚　沸点 34.51℃，n_D^{20} 1.3526。久藏的乙醚常含有少量过氧化物，过氧化物的检验和除去方法如下。在干净的试管中放入 2~3 滴浓硫酸，1ml 2% 碘化钾溶液（若碘化钾溶液已被空气氧化，可用稀亚硫酸钠溶液滴到黄色消失）和 1~2 滴淀粉溶液，混合均匀后加入乙醚，出现蓝色即表示有过氧化物存在；除去过氧化物可用新配制的硫酸亚铁稀溶液（配制方法是 $FeSO_4 \cdot H_2O$ 60g，100ml 水和 6ml 浓硫酸）。将 100ml 乙醚和 10ml 新配制的硫酸亚铁溶液放在分液漏斗中洗数次，至无过氧化物为止。

市售乙醚中常含有微量水、乙醇和其他杂质，不能满足无水实验的要求。可用下述方法进行处理，制得无水乙醚。

在 250ml 干燥的圆底烧瓶中，加入 100ml 乙醚和几粒沸石，装上回流冷凝管。将盛有 10ml 浓硫酸的滴液漏斗通过带有侧口的橡胶塞安装在冷凝管上端，接通冷凝水后，将浓硫酸缓慢滴入乙醚中，由于吸水作用产生热，乙醚会自行沸腾。当乙醚停止沸腾后，拆除回流冷凝管，补加沸石后，改成蒸馏装置，用干燥的锥形瓶作接收器。在接液管的支管上安装一支盛有无水氯化钙的干燥管，干燥管的另一端连接橡胶管，将逸出的乙醚蒸气导入水槽中。用事先准备好的热水浴加热蒸馏，收集 34.5℃ 馏分 70~80ml，停止蒸馏。烧瓶内所剩残液倒入指定的回收瓶中（切不可向残液中加水！）。向盛有乙醚的锥形瓶中加入 1g 钠丝，然后用带有氯化钙干燥管的塞子塞上，以防止潮气侵入并可使产生的气体逸出。放置 24h，使乙醚中残存的痕量水和乙醇转化为氢氧化钠和乙醇钠。如发现金属钠表面已全部发生作用，则需补加少量钠丝，放置至无气泡产生，金属钠表面完好，即可满足使用要求。

2. 无水乙醇　沸点 78.5℃，n_D^{20} 1.3611。制备无水乙醇的方法很多，根据对无水乙醇质量的要求不同而选择不同的方法。若要求 98%~99% 的乙醇，可采用下列方法：①利用苯、水和乙醇形成低共沸混合物的性质，将苯加入乙醇中，进行分馏，在 64.9℃ 时蒸出苯、水、乙醇的三元恒沸混合物，多余的苯在 68.3℃ 与乙醇形成二元恒沸混合物被蒸出，最后蒸出乙醇。工业多采用此法。②用生石灰脱水。于 100ml 95% 乙醇中加入新鲜的块状生石灰 20g，回流 3~5h，然后进行蒸馏。

若要 99% 以上的乙醇，可采用下列方法：①在 100ml 99% 乙醇中，加入 7g 金属钠，待反应完毕，再加入 27.5g 邻苯二甲酸二乙酯或 25g 草酸二乙酯，回流 2～3h，然后进行蒸馏。金属钠虽能与乙醇中的水作用，产生氢气和氢氧化钠，但所生成的氢氧化钠又与乙醇发生平衡反应，因此单独使用金属钠不能完全除去乙醇中的水，须加入过量的高沸点酯，如邻苯二甲酸二乙酯与生成的氢氧化钠作用，抑制上述反应，从而达到进一步除水的目的。②在 60ml 99% 乙醇中，加入 5g 镁和 0.5g 碘，待镁溶解生成醇镁后，再加入 900ml 99% 乙醇，回流 5h 后，蒸馏，可得到 99.9% 乙醇。由于乙醇具有非常强的吸湿性，所以在操作时，动作要迅速，尽量减少转移次数以防止空气中的水分进入，同时所用仪器必须事前干燥好。

3. 丙酮　沸点 56.2℃，n_D^{20} 1.3588。市售丙酮中往往含有甲醇、乙醛和水等杂质，可用下述方法提纯。

在 250ml 圆底烧瓶中，加入 100ml 丙酮和 0.5g 高锰酸钾，安装回流冷凝管，水浴加热回流。若混合液紫色很快消失，则需补加少量高锰酸钾，继续回流，直到紫色不再消失为止。改成蒸馏装置，加入几粒沸石，水浴加热蒸出丙酮，用无水碳酸钾干燥 1h。将干燥好的丙酮倾入 250ml 圆底烧瓶中，加入沸石，安装蒸馏装置（全部仪器均须干燥）。水浴加热蒸馏，收集 55.0～56.5℃ 馏分。

4. 乙酸乙酯　沸点 77.06℃，n_D^{20} 1.3723。市售的乙酸乙酯常一般含量为 95%～98%，含有少量水、乙醇和乙酸。可先用等体积的 5% 碳酸钠溶液洗涤，再用饱和氯化钙溶液洗涤，酯层倒入干燥的锥形瓶中，加入适量无水碳酸钾干燥 1h 后，蒸馏，收集馏分沸点为 77℃。乙酸乙酯也可用下法纯化：于 1000ml 乙酸乙酯中加入 100ml 乙酸酐，10 滴浓硫酸，加热回流 4h，除去乙醇和水等杂质，然后进行蒸馏。馏出液用 20～30g 无水碳酸钾振荡，再蒸馏，纯度可达 99% 以上。

5. 石油醚　石油醚是低级烷烃的混合物。根据沸程范围不同可分为 30～60℃、60～90℃ 和 90～120℃ 等不同规格。石油醚中常含有少量沸点与烷烃相近的不饱和烃，难以用蒸馏法进行分离，此时可用浓硫酸和高锰酸钾将其除去。方法如下。

在 150ml 分液漏斗中，加入 100ml 石油醚，用 10ml 浓硫酸分两次洗涤，再用 10% 硫酸与高锰酸钾配制的饱和溶液洗涤，直至水层中紫色不再消失为止。用蒸馏水洗涤两次后，将石油醚倒入干燥的锥形瓶中，加入无水氯化钙干燥 1h，蒸馏，收集需要规格的馏分。若需绝对干燥的石油醚，可加入钠丝（与纯化无水乙醚相同）。

6. 二氯甲烷　沸点 40℃，n_D^{20} 1.4242。使用二氯甲烷比三氯甲烷安全，因此常常用它来代替三氯甲烷作为比水重的萃取剂。普通的二氯甲烷一般都能直接做萃取剂用。如需纯化，可用 5% 碳酸钠溶液洗涤，再用水洗涤，然后用无水氯化钙干燥，蒸馏收集 40～41℃ 的馏分，保存在棕色瓶中。

7. 三氯甲烷　沸点 61.7℃，n_D^{20} 1.4459。普通三氯甲烷中含有 1% 乙醇（这是为防止三氯甲烷分解为有毒的光气，作为稳定剂加进去的）。除去乙醇的方法是用水洗涤三氯甲烷 5～6 次后，将分出的三氯甲烷用无水氯化钙干燥 24h，再进行蒸馏，收集 60.5～61.5℃ 馏分。纯品应装在棕色瓶内，置于暗处避光保存。

8. 四氯化碳　沸点 76.8℃，n_D^{20} 1.4603。四氯化碳中二硫化碳达 4%。纯化时，可将 1000ml 四氯化碳与 60g 氢氧化钾、60ml 水和 100ml 乙醇混合，在 50~60℃下振摇 30min，然后水洗，再将此四氯化碳按上述方法重复操作一次（氢氧化钾的用量减半）。四氯化碳中残余的乙醇可以用氯化钙除掉。最后将四氯化碳用氯化钙干燥，过滤，蒸馏收集 76.7℃馏分。四氯化碳不能用金属钠干燥，因有爆炸危险。

9. 苯　沸点 80.1℃，n_D^{20} 1.5011。普通苯中可能含有少量噻吩，除去的方法是用少量浓硫酸（约为苯体积的 15%）洗涤数次，再分别用水、10% 碳酸钠溶液和水洗涤。分离出苯，置于锥形瓶中，用无水氯化钙干燥 24h 后，水浴加热蒸馏，收集 79.5~80.5℃馏分。

10. 甲苯　沸点 110.6℃，n_D^{20} 1.4969。普通甲苯中可能含有少量甲基噻吩，处理方法同苯。由于甲苯比苯容易磺化，用浓硫酸洗涤时的温度应控制在 30℃以下。

11. 甲醇　沸点 64.96℃，n_D^{20} 1.3288。普通未精制的甲醇含有 0.02% 丙酮和 0.1% 水。而工业甲醇中这些杂质的含量达 0.5%~1%。为了制得纯度达 99.9% 以上的甲醇，可将甲醇用分馏柱分馏。收集 64℃的馏分，再用镁除去水（与制备无水乙醇相同）。甲醇有毒，处理时应防止吸入其蒸气。

12. 四氢呋喃　沸点 67℃，n_D^{20} 1.4050。四氢呋喃与水能混溶，并常含有少量水分及过氧化物。如要制得无水四氢呋喃，可用氢化铝锂在隔绝潮气下回流（通常 1000ml 约需 2~4g 氢化铝锂）除去其中的水和过氧化物，然后蒸馏，收集 66℃的馏分（蒸馏时不要蒸干，将剩余少量残液即倒出）。精制后的液体加入钠丝并应在氮气中保存。处理四氢呋喃时，应先用小量进行试验，在确定其中只有少量水和过氧化物，作用不至于过于激烈时，方可进行纯化。四氢呋喃中的过氧化物可用酸化的碘化钾溶液来检验。如过氧化物较多，应另行处理为宜。

13. 二氧六环　沸点 101.5℃，熔点 12℃，n_D^{20} 1.4424。二氧六环能与水任意混合，常含有少量二乙醇缩醛与水，久贮的二氧六环可能含有过氧化物（鉴定和除去参阅乙醚）。二氧六环的纯化方法：在 500ml 二氧六环中加入 8ml 浓盐酸和 50ml 水，回流 6~10h，在回流过程中，慢慢通入氮气以除去生成的乙醛。冷却后，加入固体氢氧化钾，直到不能再溶解为止，分去水层，再用固体氢氧化钾干燥 24h。然后过滤，在金属钠存在下加热回流 8~12h，最后在金属钠存在下蒸馏，加入钠丝密封保存。精制过的 1,4-二氧六环应当避免与空气接触。

14. 吡啶　沸点 115.5℃，n_D^{20} 1.5095。分析纯的吡啶含有少量水分，可供一般实验用。如要制得无水吡啶，可将吡啶与氢氧化钾（钠）一同回流，然后隔绝潮气蒸出备用。干燥的吡啶吸水性很强，保存时应将容器口用石蜡封好。

15. 二甲基亚砜（DMSO）　沸点 189℃，熔点 18.5℃，n_D^{20} 1.4783。二甲基亚砜能与水混合，可用分子筛长期放置加以干燥。然后减压蒸馏，收集 76℃/1600Pa（12mmHg）馏分。蒸馏时，温度不可高于 90℃，否则会发生歧化反应生成二甲砜和二甲硫醚。也可用氧化钙、氧化钡或无水硫酸钡来干燥，然后减压蒸馏。也可用部分结晶的方法纯化。二甲基亚砜与某些物质混合时可能发生爆炸，例如氢化钠、高碘酸或高氯酸镁等应予注意。

16. N,N-二甲基甲酰胺（DMF）　沸点 149~156℃，n_D^{20} 1.4305。N,N-二甲基

甲酰胺为无色液体，与多数有机溶剂和水可任意混合，对有机和无机化合物的溶解性能较好。

N,N – 二甲基甲酰胺含有少量水分。常压蒸馏时有些会发生分解，产生二甲胺和一氧化碳。在有酸或碱存在时，分解加快。所以加入固体氢氧化钾（钠）在室温放置数小时后，即有部分分解。因此，最常用硫酸钙、硫酸镁、氧化钡、硅胶或分子筛干燥，然后减压蒸馏，收集76℃/4800 Pa（36mmHg）的馏分。其中如含水较多时，可加入其1/10体积的苯，在常压及80℃以下蒸去水和苯，然后再用无水硫酸镁或氧化钡干燥，最后进行减压蒸馏。纯化后的 N,N – 二甲基甲酰胺要避光贮存。N,N – 二甲基甲酰胺中如有游离胺存在，可用2,4 – 二硝基氟苯产生颜色来检查。

17. 二硫化碳　沸点46.25℃，n_D^{20} 1.6319。二硫化碳为有毒化合物，能使血液神经组织中毒。具有高度的挥发性和易燃性，因此，使用时应避免与其蒸气接触。对二硫化碳纯度要求不高的实验，在二硫化碳中加入少量无水氯化钙干燥几小时，在水浴55～65℃下加热蒸馏、收集。如需要制备较纯的二硫化碳，在试剂级的二硫化碳中加入0.5%高锰酸钾水溶液洗涤三次。除去硫化氢再用汞不断振荡以除去硫。最后用2.5%硫酸汞溶液洗涤，除去所有的硫化氢（洗至没有恶臭为止），再经氯化钙干燥，蒸馏收集。

二、常用有机化合物的物理常数

常用有机化合物的物理常数（包括名称、结构式、相对分子质量、相对密度、熔点、沸点、折射率、溶解度等）见下表。该表的说明如下。

（1）顺序按中文名称笔画排列，别名在括号内注明。

（2）"密度"一项，对于固体、液体及液化的气体（标出"液"字）为20℃时的密度（g/ml）或20℃/4℃相对密度；对于气体则为标准状况下的密度（g/L）。特殊情况于括号内注明。

（3）熔点与沸点，除另有注明者外，均指在0.10MPa（760mmHg）时的温度；沸点项中带有右上角数值的沸点例如227[10]表示在10mmHg时的沸点是227℃。注明"分解"、"升华"者，表示该物质受热到相当温度时分解或升华。

（4）n_D^{20} 为20℃时对空气的折射率，条件不同时另行注明。D是指钠光灯中的D线（波长589.3nm）。

（5）在水中的溶解度为每100g水能溶解的固体或液体的克数，对气体则为每100g水能溶解的气体毫升数。温度条件在括号内注明，不注明者为常温。"分解"指遇水分解，"∝"指能与水混溶。

在有机溶剂中的溶解度，易溶或可溶于某溶剂时，均列为溶于某溶剂，其他情况则分别注明。

（6）化合物能生成水合物晶体者，其物理常数通常以相应的无水物的物理常数表示；分子式为水合物化学式者除外。

（7）化合物名称中的 d、l 符号，指化合物的旋光性，即 d 表示右旋，l 表示左旋，dl 表示外消旋，$meso$ 表示内消旋。

（8）表中"—"表示暂无数据。

常用有机化合物的物理常数

名称	结构式(分子式)	相对分子质量	密度	熔点/℃	沸点/℃	折射率 n_D^{20}	溶解度 水中	溶解度 有机溶剂中
安息香	$C_{14}H_{12}O_2$	212.244	1.310^{20}	137	344, 194^{12}	—	—	易溶于乙醇、三氯甲烷
苯	C_6H_6	78.11	0.87865	5.5	80.1	1.5011	0.07(22℃)	与乙醇、乙醚、丙酮混溶
苯胺	$C_6H_5NH_2$	93.13	1.02173	−6.3	184.13	1.5863	3.6(20℃)	与乙醇、乙醚、丙酮混溶
苯酚	C_6H_6O	94.111	1.0545^{45}	40.89	181.87	1.5408^{41}	溶	易溶于乙醚
4-苯基-2-丁酮	$C_{10}H_{12}O$	148.201	0.9849^{22}	−13	233.5	1.511^{22}	不溶	可溶于乙醇、乙醚、四氯化碳；易溶于丙酮；
4-苯基-3-丁烯-2-酮	$C_{10}H_{10}O$	146.185	1.0097^{45}	41.5	261	1.5836^{45}	不溶	易溶于乙醇；溶于乙醚、丙酮、苯、三氯甲烷；微溶于石油醚
苯甲醇	C_7H_8O	108.138	1.0419^{24}	−15.4	205.31	1.5396^{20}	溶	溶于乙醇、乙醚、苯、丙酮
苯甲醛	C_7H_6O	106.12	$1.0415^{15/4}$	−26(fr 56)	178	1.5463	微溶	易溶于乙醇、乙醚、丙酮、苯
苯甲酸	$C_7H_6O_2$	122.12	1.2659^{15}	122.35	249.2	1.5040^{132}	微溶	易溶于乙醇、乙醚、丙酮；溶于苯、三氯甲烷
苯甲酸乙酯	$C_9H_{10}O_2$	150.174	1.0415^{25}	−34	212	1.5007^{20}	不溶	易溶于乙醇、乙醚、丙酮、苯
苯亚甲基苯乙酮	$C_{15}H_{12}O$	208.26	$1.0712^{62/4}$	59 57 49	345～348(分解)	—	不溶	易溶于乙醚、苯
苯氧乙酸	$C_8H_8O_3$	152.148	—	98.5	285(分解)	—	溶	易溶于乙醇、乙醚、苯

续表

名称	结构式(分子式)	相对分子质量	密度	熔点/℃	沸点/℃	折射率 n_D^{20}	溶解度 水中	溶解度 有机溶剂中
苯乙酮	$C_6H_5COCH_3$	120.15	1.0281[20/4]	20.5	202.6	1.53718	不溶	溶于乙醇、乙醚、丙酮、苯、三氯甲烷
苯乙烯	$C_6H_5CH=CH_2$	104.16	0.9060	-30.63	145.2	1.5468	不溶	与苯混溶；溶于乙醇、乙醚、丙酮
丙二酸二乙酯	$C_7H_{12}O_4$	160.168	1.0551[20]	-50	200	1.4139[20]	微溶	易溶于苯、丙酮；可溶于乙醇、乙醚
丙三醇(甘油)	$HOCH_2CHOHCH_2OH$	92.11	1.2613	20	290(分解)	1.4746	∞	于乙醇混溶；微溶于乙醚
丙酸	CH_3CH_2COOH	74.08	0.9930	-20.8	140.99	1.3869	∞	与乙醇混溶；溶于乙醚
丙酮	CH_3COCH_3	58.08	0.7899	-95.35	56.2	1.3588	∞	与乙醇、乙醚、苯混溶
丙烯	$CH_3CH=CH_2$	42.08	0.5193（液,饱和蒸气压）	-185.25	-47.4	1.3567(-70℃)	44.6	溶于乙醇
二苯基乙二酮	$C_{14}H_{10}O_2$	210.228	1.084[102]	94.87	347	—	不溶	易溶于乙醇、乙醚、苯
二苯甲醇	$C_{13}H_{12}O$	184.233	—	69	298	—	微溶	易溶于乙醇、乙醚、三氯甲烷
二苯酮	$C_{13}H_{10}O$	182.217	—	47.9	305.4	1.6077[19]	不溶	易溶于乙醇、乙醚、丙酮
二苯乙醇酸	$C_{14}H_{12}O_3$	228.243	—	150	180(分解)	—	微溶	易溶于乙醇、乙醚；微溶于丙酮，可溶于浓硫酸
二苯乙二酮	$C_{14}H_{10}O_2$	210.228	1.084[102]	94.87	347	—	不溶	易溶于乙醇、乙醚，可溶于丙酮；易溶于苯；微溶于四氯化碳

名称	结构式（分子式）	相对分子质量	密度	熔点/℃	沸点/℃	折射率 n_D^{20}	溶解度 水中	溶解度 有机溶剂中
二甲胺	$(CH_3)_2NH$	45.09	0.6804(0℃)	-93	7.4	1.350(17℃)	易溶	溶于乙醇、乙醚
$N,N-$二甲基苯胺	$C_8H_{11}N$	121.08	0.9557[20]	2.42	194.15	1.5582[20]	微溶	溶于乙醇、乙醚、丙酮、苯
$1,2-$二氯乙烷	$C_2H_4Cl_2$	98.959	1.2454[25]	-35.7	83.5	1.4422[25]	微溶	易溶于乙醇;溶于丙酮、苯、三氯甲烷
淀粉	$(C_6H_{10}O_5)n$	$(162.14)n$	—	(分解)	—	—	不溶	不溶于乙醇
丁醇	$CH_3(CH_2)_2CH_2OH$	74.12	0.8098[20/4]	-89.5	117.2	1.3993	9(15℃)	与乙醇、乙醚混溶;溶于丙酮、苯
丁二酸酐	$(CH_2CO)_2O$	100.07	1.2340[20/4]	119.6	261	—	微溶	易溶于乙醇、三氯甲烷;微溶于乙醚
对氨基苯磺酸	$C_6H_7NO_3S$	173.191	1.485[25]	288	—	—	微溶	不溶于乙醇、乙醚
对氨基苯甲酸	$C_7H_7NO_2$	137.137	1.51[25]	173	—	—	溶	易溶于丙酮;溶于乙醇、乙醚;微溶于乙醚
对氨基苯甲酸乙酯	$C_9H_{11}NO_2$	165.189	1.717[20]	92	310	1.5600[22]	微溶	易溶于乙醇、乙醚;溶于三氯甲烷
对甲苯磺酸	$C_7H_8O_3S$	172.203	—	104.5	140[20]	—	易溶	可溶于乙醇、乙醚
对甲基苯胺	C_7H_9N	107.153	0.9619[20]	43.6	200.4	1.5534[45]	微溶	易溶于乙醇;溶于乙醚、丙酮
对甲基乙酰苯胺	$C_9H_{11}NO$	149.189	1.2120[15]	152	307	—	—	易溶于乙醇、乙醚
对氯苯氧乙酸	$C_8H_7O_3Cl$	186.592	—	156.5	—	—	易溶	微溶于三氯甲烷
对氯甲苯	C_7H_7Cl	126.584	1.0697[20]	7.5	162.4	1.5150[20]	不溶	溶于乙醇、三氯甲烷,可溶于乙醚

续表

名称	结构式(分子式)	相对分子质量	密度	熔点/℃	沸点/℃	折射率 n_D^{20}	溶解度 水中	溶解度 有机溶剂中
对硝基苯甲酸	$C_7H_5NO_4$	167.120	1.610^{20}	242	(升华)	—	—	易溶于乙醇、乙醚、丙酮、三氯甲烷
对硝基甲苯	$C_7H_7NO_2$	137.137	1.1038^{75}	51.63	283.3	—	不溶	易溶于乙醚、丙酮、三氯甲烷
呋喃	C_4H_4O	68.074	0.9514^{20}	-85.61	31.5	1.4214^{20}	不溶	易溶于乙醇；易溶于乙醚、丙酮；可溶于三氯丙烷、苯；微溶于三氯甲烷
呋喃甲醇	$C_5H_6O_2$	98.101	1.1296	-14.6	171	1.4869	溶	易溶于乙醇、乙醚、三氯甲烷
呋喃甲醛	$C_5H_4O_2$	96.085	1.1594	-38.1	161.7	1.5261	微溶	易溶于乙醇、丙酮、乙醚；溶于三氯甲烷
呋喃甲酸	$C_5H_4O_3$	112.084	—	133.5	231	—	溶	易溶于乙醇、乙醚、丙酮
环己醇	$C_6H_{12}O$	100.16	0.9624	25.15	161.1	1.4641	3.6(20℃)	与苯混溶；溶于乙醇、乙醚、丙酮
环己酮	$C_6H_{10}O$	98.15	0.9478	-16.4	155.65	1.4507	微溶	溶于乙醇、乙醚、丙酮、苯
环己酮肟	$C_6H_{11}NO$	113.157	1.1	90	206	—	微溶	溶于乙醇、乙醚、甲醇
环己烷	C_6H_{12}	84.16	0.77855	6.55	80.74	1.42662	不溶	与乙醇、乙醚、丙酮、苯混溶
环己烯	C_6H_{10}	82.15	$0.8102^{20/4}$	-103.5	83	1.4465	不溶	可溶于乙醇、乙醚、丙酮、苯
环己基苯	$C_{12}H_{16}$	160.26	$0.9502^{20/4}$	7~8	235~236	1.5329	不溶	可溶于乙醇、乙醚
环戊酮	C_5H_8O	84.117	0.9487^{20}	-58.2	130.57	1.4366^{20}	微溶	与乙醚互溶；可溶于乙醇、丙酮、四氯化碳、己烷、甲醇

名称	结构式（分子式）	相对分子质量	密度	熔点/℃	沸点/℃	折射率 n_D^{20}	溶解度 水中	溶解度 有机溶剂中
己醇	$CH_3(CH_2)_5OH$	102.18	0.8136	-46.7	158	1.4078	0.6(20℃)	溶于乙醇、丙酮；与乙醚、苯混溶
己内酰胺	$C_6H_{11}NO$	113.157	1.01	69.3	270	—	易溶	易溶于乙醇、三氯甲烷、苯
己酸	$CH_3(CH_2)_4CO_2H$	116.16	0.9274	—	205.4	1.4163	1.10(20℃)	溶于乙醇、乙醚
己烷	$CH_3(CH_2)_4CH_3$	86.18	0.6603	-95	68.95	1.37506	不溶	溶于乙醇、乙醚
甲苯	$C_6H_5CH_3$	92.14	$0.8669^{20/4}$	-95	110.6	1.4961	不溶	与乙醇、乙醚、苯混溶；溶于丙酮
甲醇	CH_3OH	32.04	0.7914	-93.9	64.96	1.3288	∝	与乙醇、乙醚、丙酮混溶；溶于苯
4-甲基苯基-4-氧代丁酸	$C_{11}H_{12}O_3$	192.21	1.165^{20}	127	378.8	—	溶	溶于乙醇、丙酮；微溶于苯
甲基橙	$C_{14}H_{14}N_3O_3SNa$	327.34	—	（分解）	—	—	0.2(冷)	微溶于乙醇
2-甲基-2-己醇	$C_7H_{16}O$	116.201	0.8119^{20}	-108.6	143	1.4175^{20}	不溶	可溶于乙醇、乙醚
甲基叔丁基醚	$C_5H_{12}O$	88.148	0.7353^{25}	—	55.2	1.3690^{20}	溶	易溶于乙醇、乙醚
甲酸	$HCOOH$	46.03	1.220	8.4	100.7	1.3714	∝	与乙醇、乙醚混溶；溶于丙酮
甲烷	CH_4	16.04	0.5547(0℃)	-182.48	-164	—	3.3(20℃)	溶于乙醇、乙醚、苯；微溶于丙酮
间苯二酚	$C_6H_4(OH)_2$	110.11	1.2717	—	178	—	溶	溶于乙醇、乙醚
间二硝基苯	$C_6H_4N_2O_4$	168.107	1.5751^{18}	90	291	—	微溶	易溶于丙酮、苯、乙醇；溶于乙醚

续表

名称	结构式 (分子式)	相对分子质量	密度	熔点/℃	沸点/℃	折射率 n_D^{20}	溶解度	
							水中	有机溶剂中
间硝基苯胺	$C_6H_6NO_2$	138.124	0.9015^{25}	114	306	—	微溶	易溶于丙酮、乙醚、苯、溶于乙醇
间硝基苯酚	$C_6H_5NO_3$	139.109	1.2797^{100}	96.8	194^{70}	—	微溶	易溶于乙醇、乙醚、丙酮、苯
邻苯甲酰基苯甲酸	$C_{14}H_{10}O_3$	226	—	199	(升华)	—	微溶	溶于乙醇、乙醚、苯、三氯甲烷、醋酸;微溶于四氢呋喃
邻羟基苯甲醇	$C_7H_8O_2$	124.138	1.1613^{25}	87	(升华)	—	溶	可溶乙醇、可溶乙醚;可溶苯;易溶三氯甲烷
邻羟基苯甲醛	$C_7H_6O_2$	122.122	1.1674^{20}	-7	197	1.5740^{20}	微溶	溶于乙醇、乙醚;易溶于丙酮、苯;微溶于三氯甲烷
邻硝基苯酚	$C_6H_5NO_3$	139.109	1.2942^{40}	44.8	216	1.5723^{50}	微溶	易溶于乙醇、乙醚、丙酮、苯
硫酸单乙酯	$C_2H_6O_4S$	126.133	1.3657^{20}	—	280(分解)	1.4105^{20}	易溶	—
三氯甲烷	$CHCl_3$	119.377	1.4788^{25}	-63.34	61.17	1.4459^{20}	微溶	与乙醇、乙醚、苯、石油醚混溶;溶于丙酮、四氯化碳
氯化苄	C_7H_7Cl	126.584	1.1004^{20}	-45	179	1.5391^{25}	不溶	与乙醇、乙醚、三氯甲烷混溶;微溶于四氯化碳
氯乙烷	CH_3CH_2Cl	64.52	0.8978	-136.4	12.37	1.3673	0.45(0℃)	与乙醚混溶;易溶于乙醇

続表

名称	结构式（分子式）	相对分子质量	密度	熔点/℃	沸点/℃	折射率 n_D^{20}	溶解度 水中	溶解度 有机溶剂中
氯乙烯	$CH_2=CHCl$	62.50	0.9106	-153.8	-13.37	1.3700	微溶	溶于乙醇、乙醚
吗啉	C_4H_9NO	87.120	1.0005[20]	-4.8	128	1.4548[20]	互溶	可溶于乙醇、乙醚、丙酮、苯;微溶于三氯甲烷
(±)-麻黄碱	$C_{10}H_{15}NO$	165.232	1.1220[20]	76.5	135[12]	—	溶	溶于乙醇、乙醚、苯、三氯甲烷
(-)-麻黄碱	$C_{10}H_{15}NO$	165.232	1.0085[22]	40	225	—	溶	溶于乙醇、乙醚、苯、三氯甲烷
α-萘酚	$C_{10}H_7OH$	144.19	1.0989	96	288	1.6224	微溶（热）	溶于乙醇、乙醚、丙酮、苯
β-萘酚	$C_{10}H_7OH$	144.19	1.28	123~124	295	—	0.19（冷） 1.25（热）	溶于乙醇、乙醚、苯
哌啶	$C_5H_{11}N$	85.148	0.8606[20]	-11.02	106.22	1.4530[20]	可溶	可溶于乙醇、溶于乙醚、苯、丙酮、三氯甲烷
12-羟基-9-十八（碳）烯酸	$C_{18}H_{34}O_3$	298.461	0.9450[21]	—	227[10]	1.4716[21]	—	易溶于乙醇、乙醚
8-羟基喹啉	C_9H_7NO	145.158	1.034[20]	75.5	267	—	不溶	易溶于乙醇、苯、三氯甲烷
壬二酸	$C_9H_{16}O_4$	188.221	1.225[25]	106.5	287[100]	1.4303[111]	微溶	溶于乙醇;微溶于乙醚、苯
肉桂酸	$C_9H_8O_2$	148.159	1.2475[4]	133	300	—	微溶	易溶于乙醇;溶于乙醚、丙酮、三氯甲烷
三苯甲醇	$C_{19}H_{16}O$	260.329	1.199[0]	164.2	380	—	不溶	易溶于乙醇、乙醚;溶于丙酮、苯
三乙胺	$C_6H_{15}N$	101.190	0.7275[20]	-114.7	89	1.4010[20]	溶	溶于乙醇、乙醚;易溶于丙酮、苯

续表

名称	结构式(分子式)	相对分子质量	密度	熔点/℃	沸点/℃	折射率 n_D^{20}	溶解度 水中	溶解度 有机溶剂中
四丁基溴化铵	$C_{16}H_{36}BrN$	322.37	1.036	103-104	102	1.422	易溶	溶于醇和丙酮;微溶于苯
叔丁醇	$(CH_3)_3COH$	74.12	0.7887	25.5	82.2	1.3878	∞	与乙醇、乙醚混溶
叔丁基氯	C_4H_9Cl	92.567	0.8420^{20}	-25.60	50.9	1.3857^{20}	微溶	可溶于乙醇、乙醚;溶于苯
水杨醛	$C_7H_6O_2$	122.122	1.1674^{20}	-7	197	1.5740^{20}	微溶	易溶于苯、丙酮;可溶于乙醇、乙醚
香豆素-3-羧酸	$C_{10}H_6O_4$	190	—	190	—	—	溶	溶于乙醇
硝基苯	$C_6H_5NO_2$	123.11	1.2037	5.7	210.8	1.5562	0.19(20℃)	易溶于乙醇、乙醚、丙酮、苯
溴苯	C_6H_5Br	157.02	1.4950^{20}	-30.8	156	1.5597^{20}	不溶	易溶于乙醇、乙醚、苯;溶于四氯化碳
乙醇	CH_3CH_2OH	46.07	0.7893	-117.3	78.5	1.3611	∞	与乙醚、丙酮混溶;溶于苯
乙腈	CH_3CN	41.05	0.7857	-45.72	81.6	1.34423	∞	与乙醇、乙醚、丙酮、苯、三氯甲烷混溶
乙醚	$C_4H_{10}O$	74.121	0.7138^{20}	-116.2	34.5	1.3526^{20}	微溶	与乙醇、乙醚、三氯甲烷混溶;石油醚、三氯甲烷混溶
乙醛	CH_3CHO	44.05	0.7834(18℃)	-123.37	20.1	1.3316	混溶	与乙醇、乙醚、苯混溶;微溶于三氯甲烷
乙炔	$CH\equiv CH$	26.04	0.6208(-82℃)	80.8	84.0(升华)	1.00051(℃)	微溶	易溶于丙酮
乙酸	CH_3COOH	60.05	1.0492	16.604	117.9	1.3716	8	与乙醇、乙醚、丙酮、苯混溶

参 考 文 献

[1] 兰州大学，复旦大学. 有机化学实验. 第 3 版. 北京：高等教育出版社，2010.

[2] 胡昱，吕小兰，戴延凤. 有机化学实验. 北京：化学工业出版社，2012.

[3] 程青芳. 有机化学实验. 南京：南京大学出版社，2006.

[4] 姜艳. 有机化学实验. 第 2 版. 北京：化学工业出版社，2010.

[5] 李霁良. 微型半微型有机化学实验. 北京：高等教育出版社，2003.

[6] 曾昭琼. 有机化学实验. 第 3 版. 北京：高等教育出版社，2000.

[7] 周宁怀，王德琳. 微型有机化学实验. 北京：科学出版社，1999.

[8] 关烨第，李翠娟，葛树丰. 有机化学实验. 第 2 版. 北京：北京大学出版社，2002.

[9] 李兆陇，阴金香，林天舒. 有机化学实验. 北京：清华大学出版社，2001.

[10] 武汉大学化学与分子科学学院实验中心. 有机化学实验. 武汉：武汉大学出版社，2004.

[11] 李妙葵，贾瑜，高翔，李志铭. 有机化学实验. 上海：复旦大学出版社，2006.

[12] 谷珉珉，贾韵仪，姚子鹏. 有机化学实验. 上海：复旦大学出版社，1991.

[13] 黄涛. 有机化学实验. 第 2 版. 北京：高等教育出版社，1998.

[14] 陈长水，刘汉兰. 微型有机化学实验. 北京：化学工业出版社，1998.

[15] 大学化学实验改革课题组. 大学化学新实验. 杭州：浙江大学出版社，1990.

[16] 麦禄根. 有机合成实验. 北京：高等教育出版社，2002

[17] 李述文，范如霖. 实用有机化学手册. 上海：上海科学技术出版社，1981.

[18] 帕维亚 DL，兰普曼 GM，小克里兹 GS. 现代有机实验技术导论. 北京：科学出版社，1985.

[19] 奚关根，赵长虹，高建宝. 有机化学实验. 上海：华东理工大学出版社，2002.

[20] 吉卯祉，葛正华. 有机化学实验. 北京：科学出版社，2002.

[21] 许遵乐，刘汉标. 有机化学实验. 广州：中山大学出版社，1988.

[22] 周科衍，吕俊民. 有机化学实验. 第 3 版. 北京：高等教育出版社，1999.

[23] 有机化学实验技术编写组. 有机化学实验技术. 北京：科学出版社，1978.

[24] 谷亨杰. 有机化学实验. 北京：高等教育出版社，1991.

[25] 关烨第，葛树丰，李翠娟，田桂玲. 小量－半微量有机化学实验. 北京：北京大学出版
社，1999.

[26] 刘玉美，马晨. 微型有机化学实验，济南：山东大学出版社，1997.

[27] 方渡. 有机化学实验. 北京：学苑出版社，2003.

[28] 顾可权. 半微量有机制备. 北京：高等教育出版社，1990.

[29] 吴世晖，周景尧，林子森. 中级有机化学实验. 北京：高等教育出版社，1986.

[30] 米勒 JA，诺齐尔 FF. 现代有机化学实验. 上海：上海翻译出版公司，1987.

[31] 《实用化学手册》编写组. 实用化学手册. 北京：科学出版社，2001.

[32] 王伯廉. 综合化学实验. 南京：南京大学出版社，2000.

[33] 周公度. 化学辞典. 第 2 版. 北京：化学工业出版社，2011.

[34] 王箴. 化工辞典. 第 4 版. 北京：化学工业出版社，2000.

[35] 《化学化工大辞典》编委会，化学工业出版社辞书编辑部. 化学化工大辞典. 北京：化学工业

出版社，2003.

［36］刘光启、马连湘、刘杰．化学化工物性数据手册·有机卷．北京：化学工业出版社，2002.

［37］赵天宝．化学试剂·化学药品手册．第 2 版．北京：化学工业出版社，2006.

［38］张维凡．常用化学危险物品安全手册．北京：中国医药科技出版社，1992.

［39］刘德辉．化学危险品最新实用手册．北京：中国物资出版社，1995.

［40］黄天宇编译．化学化工药学大辞典．台北：台湾大学图书公司，1982.

［41］宁永成．有机化合物结构鉴定与有机波谱学．北京：清华大学出版社，1989.

［42］李晓霞，郭力．Internet 化学化工资源．第 2 版．北京：科学出版社，2003.

［43］Mary Fieser. Reagents for Organic Synthesis. Now York：A Wiley－interscience publication，1990.

［44］Vogel AI. Vogel's Textbook of Practical Organic Chemistry. 5th edition. New York：Halstead Press，1989.

［45］日本国家高等工业科学术研究所．有机化合物综合光谱数据库（http：∥www. aist. g. jp/RIODB/SDBS/Menu－e. html）．

［46］Williamson KL. Macroscale and Microscale Organic Experiments. 3rd edition. Boston：Houghton Mifflin Co，1999.

［47］Fieser LF，Williamson KL. Organic Experiments. 7th ed. D C Heath and Company，1992.

［48］Gilbert JC. Experimental Organic Chemistry：A Miniscale and Microseale Approach. 3rd edition. New York：Brooks Cole，2001.

［49］Nimitz J S. Experiments in Organic Chemistry：From Microscale to Macroscale. Englewood Cliffs：Prentice－Hall，1991.

［50］Bell CE. Organic Chemical Laboratory：Standard and Microscale Experiments. 2nd edition. Philadelphia. Saunders College Publishing，1997.

［51］Schoffstall AM. Microscale and Miniscale Organic Chemistry Laboratory Experiments. Boston：MeGraw－Hill，2000.

［52］Landgrebe JA. Theory and Practice in the Organic Laboratory with Microscale and Standard Seale Experiments. 4th edition. Monterrey：Brooks&Cole Pub Co，1993.

［53］Pavia DL. Ptf. Introduction to Organic Laboratory Techniques：A Microscale Approach. Philadelphia：Seunders College Publishing，1990.

［54］Campbell BN. Organic Chemistry Experiments：Microscale and Semimicmscale. Pacific Grove：Brooks&Cole Pub，1994.

［55］Ma TS，Horak V. Microscale Manipulations in Chemistry. New York：John Wiley&Sons，1976.

［56］Mayo DW. Microscale Organic Laboratory. 3rd edition. New York：John Wiley&Sons，1994.

［57］Ault A. Techniques and Experiments for Organic Chemistry. 5th edition. Boston：Allyn and Bacon Inc，1987.

［58］Haynes WM. CRC Handbook of Chemistry and Physics. 94th Ed. New York：CRC Press，2013.

［59］Lide D，Milne G. CRC Handbook of Data on Organic Compounds. 3rd edition. New York：CRC Press，1993.

［60］Buckingham F，MacDonald F. Dictionary of Organic Compounds. 6th edition. New York：CRC Press，1995.

［61］Speight J. Lange's Handbook of Chemistry. 16th edition. Boston：McGraw－Hill，2004.